樂果文化

老師不會教的職場哲學

楊家誠◎著

——這些道理沒有人告訴過你，
99%的職場人沒能弄懂的職場規則

原書名：看得見的職場，看不見的規則

先生が教えない職場の哲学

〔編序〕職場如戰場

職場如戰場。

在這裡，競爭與合作相互依存，權術和陰謀激烈碰撞，智者和愚者輪番較量。有能力，你不一定成為菁英；付出忠誠，你不一定收穫信任；埋頭苦幹，你不一定成功。

面對這種情況，你也許會困惑：「為什麼能力、態度、貢獻不能決定輸贏？」

這是因為，職場裡的有些規則是隱性的，它雖然沒有明文規定，卻又引發實質性作用，如果你擺不平、用不活，就將永遠是成功的門外漢。

本書的作者以一個資深職場人的視角，通過亦雅亦俗、亦莊亦諧的寫作方式，敘述了職場每天都在上演的成敗故事，並透過種種表象，揭示出隱藏在正式規則之外的規則。讀過之後，你可以找到加薪晉升的方法和破解職場「怪圈」的密碼。

如果你不想在職場的搏殺中黯然離場，請在第一時間打開這本書，來尋找實現職場飛躍的出路吧！

〔前言〕笑傲職場江湖

中國文化素來崇尚「圓」，故事結局要圓滿，人物性情要圓潤。這種尚圓思想也被帶到了職場中，職場高手大都做事圓通，做人圓滑。所以，把我們每天辛勤工作的「辦公室」稱之為「圓形職場」並不為過。

圓通、圓滑的最高境界就是方圓兼顧，既不喪失對「圓」的追求，又不違背「方」的一定之規。為此，方圓兼顧又成為玩轉職場的最高境界。這種境界被無數職場達人闡述、解析、總結，形成了各種各樣的規則和經驗。

在這本書裡，我為大家總結了若干藏匿在職場中的規則，幫助大家窺探冰山一角，來避開職場中的一些「機關」和「暗器」。因為這些規則是看不見的，姑且稱之為「隱性規則」。

進入職場，我們最先要接受、也是最難接受的一條隱性規則，就是「認清現實」。年輕人剛剛接觸社會往往帶著一股子理想主義，恨不得振臂一揮就掃平職場裡的不平事。

殊不知，這樣的「高姿態」越重，受挫的可能性越大，因為不現實。

今天的職場如同古代的官場，沉澱了幾千年的觀念、積習，不是僅憑你我就能輕易改變的。我們唯有認清現實、尊重現實，才能摸清現實背後的規律，然後對其加以利用，實現我們的抱負。

從這點來看，圓形職場裡最難通過的一關，就是粉碎「圓桌會議」的美夢，走進「不公平」的競技場。若是你能夠順利通過這一關，恭喜你，接下來的章節會對你大有裨益了。

在職場裡要有一張好嘴，學著打圓場。職場人還要有一張大網，即關係網、人脈網，要網住上級，黏住平級，拉攏下級。你的官運財運都在這張網中，你的靈活圓通程度決定你在網中的獲利大小。

職場裡的你還要學會「一隻腳立足，兩條腿走路」。前者指的是，你要像圓規一樣，有個紮實的業務基礎讓自己在職場紮下根來，然後盡情長袖善舞，尋找靠山；後者指的是，擁有軟硬兩種實力，既要業務好，又要腦子精，找到自己的職場「護身符」。

此外，職場中的你當然不能忘記妥善處理自己與上司的關係。毫不誇張地說，上司是你的職場圓夢人，他對你的是非功過有很大的發言權，縱然你是齊天大聖，也很難鬥得過如來佛的手掌心。你不妨學著「見廟燒香，見佛就拜」，多跟上級保持友好互動。

最後，不要忘記跟同事建立良好的互利互惠關係。不要冒進，不要爭功，不要搞個人英雄主義；要共事，要分享，要求同存異，要有所為有所不為。良好的同事關係就像圓舞曲，大家步調一致才能華麗演出。

總之，職場是一個隱形的圓，有很多隱性規則藏匿其中。不去研究它，就會被它研究。與其被動挨打不如主動出擊，「啃」掉這本書，為自己鍛造一把利器，來笑傲職場江湖。

第二章 巧言善辯・職場歡迎打圓場的人

第三章　融入團隊・靈活圓通才能贏得高人氣

第四章 聰明做事・「職場圓規」先立足再發展

第五章　靠近上司．「管理」你的職場圓夢人

第七章 群策群力・把職場合作跳成圓舞曲

第一章 認清現實 圓形職場裡沒有圓桌會議

亞瑟王和騎士們的「圓桌會議」是歷史上最具傳奇色彩的佳話之一。直到今天，「圓桌會議」已成為平等交流、意見開放的代名詞。

事實上，我們可以採用「圓桌會議」的形式，卻很難在本質上實現它所追求的公平和公正。特別是在職場這個追求權力和利益的圈子裡，等級觀念是不可違抗的法則，很傻很天真的人註定要受到懲罰。

只有那些甘心潛伏在基層、認真學習辦公室政治謀略的人，才能最終成為「圓桌會議」的主宰者。

職場是個圓形競技場

把自己想像成一個點，然後向四周擴散氣場，你能畫出多大一個圓？每個人的影響力不同，畫出的半徑不同，在職場中獲得的地位就不同。如果想在職場中拼得一席之地，就要逐步擴大自己的圓周影響力，這是職場人必須懂得的隱性規則。

先講一個與職場看似「無關」的故事。

古羅馬人喜歡看「角鬥」。這種殘忍的「遊戲」一旦開始，必須有一方死亡方可收場，如無結局，則雙雙必須處死，或放入野獸將人吃掉。觀眾為勝者歡呼，無視死者的存在，因為在力量和智慧的角逐中，優勝劣汰是不二的法則。

為了充分享受這種樂趣，古羅馬人建造了專門用於角鬥的場地，其中最著名的是古羅馬鬥獸場，也被稱為古羅馬圓形競技場。在這個競技場中有不同等級的觀眾席，從國王到臣民，都可以享受這一視覺盛宴。

我們所在的職場，其實也是這樣一個角鬥激烈的競技場。這不是危言聳聽，如果不能正確認識到這一點，就很難成為一個成功的職場人。

在進入職場之前，我們受過多年的高等教育。在受教育期間，評判自身優劣的標準是「分數」。只要你功課做得好，考試得高分，你就是「優勝者」。假如考了一百分，就算班裡還有其他十位同學都考了一百分，你還是第一名。與同學之間基本不存在競爭，只要自己跟分數「較勁」就可以了。

但進入職場之後，形勢就發生了變化。同一崗位上的其他同事跟你做同樣的工作，質和量上都沒有明顯的差別，你們的分數總是持平。在眾多業務水準相當的員工中，上司只能選擇極少數人給予升職和加薪的機會。

給你，還是給他？這個時候，不光要跟自己的「分數」較勁，還要跟其他人「爭搶」。為了得到有限的升職、加薪機會，職場中的競技開始了。你和所有同等級的同事之間，形成了一種有技術含量的競爭關係，簡稱「競技」。這個時候，不能只做一個「好好學習，天天向上」的單向前行者，還需要做一個向左看、向右看超過同伴才算贏的橫向比較者。如果你沒有競技的意識，看不清這個客觀存在的現狀，就很可能一直扮演著苦命的一線工作者，永遠無法獲得更多的薪水、更高的職位。

既然是有技術含量的競技，就應該瞭解競技的要領有哪些。概括地講，這種競爭技巧包括「硬」和「軟」兩個方面。硬的方面，就是通過提高專業技能、提升職業素養、增加工作業績來為自己增添「顯性分數」。軟的方面，就是打好堅實的人脈基礎、建立良性的上下級互動關係、尋找提攜自己的貴人，以此來增加自己的「隱性分數」。兩項分數加起來得到最高綜合分數者，才能在職場競技中勝出。

競技場中有搏鬥的雙方，職場中有拼搶職位的若干人。

競技場中有各個階層的觀眾，職場中有不同級別的上司和員工。

競技場中需要力量和智慧，職場中需要硬實力和軟實力。

競技場中鼓吹死亡和流血，職場中追求高薪和高職位。

……

兩者是多麼相似。

之所以說職場是圓形的，是因為職場是一個以老闆為圓心，以不同等級職能為半徑擴散出去的圓。高層上司、中層上司、基層上司、最基層員工，都在這個圓中生存。看上去，大家圓圓滿滿、團團圓圓，可是個人之間的角逐、競爭無時無刻都在上演。一旦進入了職場，也就走進了這樣一個圓形競技場。

職場人要有等級觀念

「等級」是職場中一個比較微妙的觀念。如果能夠儘快適應這種情況，讓自己成為等級中的一員，你就能儘早找到晉升的策略和途徑。

「不就是個小主管嘛，有什麼了不起的！」

剛剛進入職場的周文龍喜歡把這句話掛在嘴邊。他在一家廣告公司的策劃部門做文案，他的主管是比他大兩歲、有張娃娃臉的劉志強。

周文龍用了三天時間研究劉志強以往的工作業績，他覺得劉志強「不過如此」，專業水準根本比不上自己。所以，他並不把這個「小主管」放在眼裡。在平時的工作中，周文龍總是不自覺地跟劉志強稱兄道弟，說話的時候也不注意自己的措辭。如果劉志強否定了周文龍的文案，或者提出修改意見，周文龍就會滿臉烏雲密布，「不高興」三個字明明白白寫在臉上。

可是，時間一長，周文龍發現這個「小主管」是不能小看的。雖然他「官職」小，卻有實權。他讓周文龍修改文案，周文龍就得改，要是不改就通不過。同事好心提醒周文龍，讓他識相點。最後，他明白了，不管心裡服不服氣，職場是有等級秩序的，主管再「小」也能「官大一級壓死人」。

年輕人在初入職場的時候千萬不能忽略「等級秩序」、「論資排輩」這種老規則。為什麼我們常用「金字塔」來形容職場呢？就是因為它是分級的，大多數人處於底層，越往上人數越少。

職場人身處這樣的金字塔，要處理兩種關係。「水準關係」和「垂直關係」。水準關係是指你跟同一級別的人橫向聯繫，垂直關係是指你跟不同級別的人縱向聯繫。

如果你想得過且過，貪圖舒服，處理好橫向關係就基本ＯＫ了。如果你有權力欲望，希望上升到金字塔的更高一層，就必須有一個清晰的等級觀念。因為身處等級次序體系裡的人，是以身分地位為導向進行交流和溝通的。你的層次越高，發言權和決定權越大；反之，發言權和決定權就越小。

有了正確的等級觀念，就要在這種觀念的指導下行事。

1.不管上級和你多麼「親近」，都不能沒大沒小亂開玩笑。當你成為上級，也要注意和下級保持距離。

2.在做出某項決定或者採取某項措施之前，先考慮一下上級和下級的利益和感受。對待上級要多請示、多彙報，對待下級要多溝通、多交流。想像一下，你和上下級之間就是一串連貫的台階，缺了中間任何一個台階，晉升這條路都會變得磕磕絆絆。

3.你要多花心思研究你所在的這個「垂直關係」，清楚自己處於哪個位置。拼命做事力求升職，不就是想得到別人的尊重，讓別人聽從你的命令嗎？要實現這個目標，就要對組織的架構有清晰的瞭解，這樣才能找到合適的途徑達到你想要的位置。

4.成為等級中比較成熟的一員時，就要學著用等級的眼光去看問題、做事情。主管有主管的想法，經理有經理的打算……每個位置上的人眼光都是不同的。要隨時調整自己的思維，跟上等級變動的步伐，否則，爬得越高，可能摔得越痛。

總而言之，大自然是存在「生物鏈」的，職場亦然。

「很傻很天真」不是在誇你

從課堂到職場，從家庭到社會，每個人都要經過一個過渡和成長的階段，「職場幼稚病」也好，「很傻很天真」也罷，都是可以原諒的。原諒歸原諒，如果不積極主動地改變這種狀態，就很容易遭遇職場「滑鐵盧」。

某公眾人物犯了一個荒唐的錯誤，說自己「很傻很天真」，從此，這個說法就流傳開來，成為很多犯錯者的藉口。也有人用這句話來評價那些犯錯的人，這就帶有了嘲諷的意味。進入職場之後，若是有人把你和「很傻很天真」連在一起，就要當心了。

職場，本質上說是爭奪資源謀求利益的場所。老闆是這個場所的掌控者，他必須運用謀略和手段，跟其他的競爭對手爭奪資源，實現自身的利益目標，因此他本人不能「傻」，更不能「天真」。同時，為了保證團隊的戰鬥力和協調性，老闆也不會允許「很傻很天真」的員工存在。

在職場內部，各員工之間也在爭奪有限的資源（職位、獎金、培訓機會等），這也要求我們不能犯傻，不能用天真的態度來對待自己的工作。

不管從哪個角度看，「很傻很天真」的人在職場裡都是不受歡迎的。所以，當有人用這句話來評價你時，請你一定要反省自己哪裡做得不夠好，或者做錯了什麼。

小藝上學時成績優秀，曾經得過大大小小很多設計獎項。大學畢業之後，她如願進入一家裝潢設計公司上班，成為夢寐以求的「設計師」。

她工作起來非常積極，總是獻計獻策，並且在作品裡融入了很多「新元素」、「新想法」。部門主管笑呵呵地聽取她的意見，最後總是給出同樣的答案：「好可愛的學生妹！」

小藝竊喜，以為自己的熱情被上司肯定了，於是加倍用心。

有一位好心的前輩提醒她說：「『學生妹』就是理想主義的代名詞，上司的意思是，你說的那一套只在「學校」裡行得通，在實踐中卻沒有操作性。」小藝這才恍然大悟。

犯「很傻很天真」這個毛病的人，通常會表現在這幾個方面：

1.想當然地認為自己想的、說的是對的，如果別人的意見跟自己相左，就擺出一副「水火不容」的架勢。

2.極力表現自己、暴露自己，渴望得到上司或者同事的認可。這種積極的態度當然無可厚非，可是過於魯莽的言行會讓人覺得你是個急於求成、毫無城府的人。

3.武斷地肯定一個人或者否定一個人。到了新環境裡，身邊的人還不熟悉，就輕易讓人劃分派別，某某是「好人」，某某是「壞人」，然後在這個偏見的影響下走進錯誤的交際圈子。

4.大悲大喜，患得患失。這不光是情緒的問題，還與一個職場人的成熟程度有關。聽到好消息就笑，聽到壞消息就哭，說明你容易被表象迷惑，看不到更深一層的問題。

針對上述四點，「很傻很天真」的人可以有針對性地進行自我調適。

首先，當你有一個點子想與同事或者上司分享的時候，要做好被否定的心理準備。

每個人都有自己的判斷標準，你不能勉強對方贊同你。當對方提出異議時，你要坦然接受，即使說的不對，也尊重對方說話的權利。

其次，適當「潛伏」。讓自己慢慢「浮出水面」，而不要一下子鋒芒畢露，讓自己過早暴露在眾目睽睽之下。即使你是「能人」，也會有人看不慣你——否則，蜘蛛人就不會有敵人了。

再次，別人跟你說的話，你要學著辯證地聽。誇你的話很可能是浮光掠影的恭維，罵你的話說不定就是苦口良藥，千萬不要因為別人的一句評價就盲目樹立敵我關係。

第四，修煉一顆穩重的職場心，真正做到「勝不驕，敗不餒」，一步一個腳印走穩職場中的每一步。遇到了好事，小小慶祝一下，再接再厲；遇到了「壞事」，總結經驗吸取教訓，找到事情的根源，避免日後再犯同樣的錯誤。

職場給每個人「很傻很天真」的時間是極其有限的，倘若一年半載之後還有人用這樣的話「誇讚」你，你的「前途」就有點灰暗了。

做事要有條理，做人要有手腕

進入職場，要有「做事」和「做人」的概念。事在人為，很多「事」是需要「人」去解決的，不能教條地套用某種規則和理論。只有遵守基本的準繩，靈活運用手腕，才能讓你的職場道路更加平坦。

我們經常能聽到「三分做事，七分做人」這類說法，大家也往往會把注意力放在「三分七分」上面。其實，在做這樣的比例劃分之前，我們應該想清楚自己的工作性質，是「做事」多一些，還是「做人」多一些。

有一些工作本身就是「事務性」的，你必須「做事」，比如創意類的工作，包括設計、寫作、繪畫等，再比如製造類、建築類和加工類的工作。你必須運用自己的聰明才智和熟練技巧把手中的工作做好。這就需要「十分」投入地去做。從事這樣的工作，你的人際關係再好，再會「做人」，如果學藝不精，笨手笨腳，還是難以立足的。

相對的，有一些工作本身就是與人打交道，你必須「做人」，比如銷售、公關、人力資源以及行政等。這些工作需要你具有很高的EQ，能夠與各類人輕輕鬆鬆打交道。這就需要你「十分」投入地去做人，把雙方的關係協調好。倘若你只關注自己，不與對方互動，你就無法很好地完成任務。

所以，進入職場之後，你要先弄清楚，自己的工作是偏重「做事」，還是「做人」。弄明白了這一點，才能有針對性地發揮自己的優勢，把更多的精力投入到解決關鍵問題上。

阿蘭和小艾是大學同學，畢業之後在同一家出版機構做事，阿蘭做的是文字編輯，小艾做圖書發行。可以說，她們各司其職，相安無事。

但是，阿蘭總有些憤憤不平。認為自己每天伏案工作，頸椎和腰椎都累出了毛病，小艾卻每天笑呵呵地跑前跑後，顯得很「輕鬆」。

阿蘭氣不過，就私下跟男朋友抱怨。

男朋友開導她說：「妳們的工作性質不一樣。正因為妳的文筆好，妳才能做文字編輯。而小艾不擅長寫作，卻擅長與人溝通，她的職責是跟進圖書出版的整個環節，把各部門協調好。」

這麼一說，阿蘭茅塞頓開，立刻消除了對小艾的偏見。

職場就是這樣，有些工作偏重「做事」，有些工作偏重「做人」。做事的時候，我們要講究方式方法，要有條理，要懂得統籌兼顧安排時間，爭取用最短的時間做更多的事。做人的時候，我們要心明眼亮，懂得一些技巧和手腕，把各種關係都打點得滴水不漏，讓自己的工作開展起來更加得心應手。

「做事」的人，適當學一點做人手腕，可以得到別人的幫助、減輕自己的壓力，還能儘量避免人際關係紛擾帶來的苦惱。「做人」的人，也要有自己的「核心技能」，充分發揮高EQ的優勢，讓人際關係轉化為價值。否則，你只會成為一個「光說不練」的人，很難贏得別人的信任。

有條理地做事，有技巧地做人，並合理地把這兩項結合在一起，只有這樣，你在職場中才能更好地實現自己的價值。

當然，這需要一段時間的歷練和摸索。

有野心才能創造奇蹟

野心其實是一種敢拼敢闖的動力，在職場中，如果你多一點野心，就可以獲得「出乎意料」的機會。

如果你想在職場中大顯身手、有所作為，就需要擁有這樣一顆「野心」——做到某個職位，達到某種影響力，或者拿到某個價位的薪資。在這樣的動力驅使下，你會挑戰自己的能力底線、精神底線，不斷挖掘自己的潛能，讓自己爆發出驚人的能量。

吳士宏女士是中國專業經理人的傑出代表，她的「外商」生涯是從一個最普通的「行政人員」開始的。她回憶那段工作經歷時說：「我扮演的是一個卑微的角色，沏茶倒水，打掃衛生，完全是肢體的勞作。」

但是，她不甘於平庸，不甘於在旁人的「白眼」中做一個庸碌的職場人。她努力學習，勤奮上進，發誓一定要從「藍領」變成「白領」。

「野心」就像鞭子抽打著她，讓她前進，前進，再前進。就這樣，她不但克服萬難成為名副其實的「白領」，而且進入了管理階層，成了為數不多的高級經理人之一。

這樣的經歷，需要好多年的時間。很多人「熬」不住，在中途退卻了，讓野心變成了泡影，也就沒了職場高升的可能性。這個道理，沒人告訴你。

在現實中，很多人會被忙碌瑣碎的日程磨滅「野心」，甘心做龐大企業機器上的一個零件。而真正的「野心家」，隨時都準備發揮更大的力量，謀求更大的成就。所以，當你感慨「廉頗老矣」、「英雄暮年」時，要反思一下，自己是否還有野心？

讓「野心」變成現實，不是靠嘴巴說說就行，你既要不斷超越自己，又要與人鬥智鬥勇；既要大膽抓住機會，又要慧眼識別機會。盲目自大的「野心家」到處都是，做到最好的為什麼寥寥無幾？

因為實踐起來很難。很多人會犯「眼高手低」的毛病，內在的野心無限膨脹，卻不去尋找實現野心的方法，或者責怪老闆不給機會，或者抱怨為生活所累、家庭牽絆⋯等，假如你真的有「野心」，就應該放手去搏擊，而不要讓任何困難嚇到你。

職場人要有「矛」有「盾」

身處職場，你必須手握利器披荊斬棘，同時還要為自己打造一副好的盾牌，只有這樣，你才能保護自己，一往直前。

矛，兵器名，長柄，有刃，主進攻。盾，也是兵器名，用皮革或者金屬製作，主防禦。兩者通常放在一起使用，戰士一手持矛一手持盾，進可攻退可守，步步為營，克敵制勝。職場人要想取得輝煌「戰績」，也必須有屬於自己的矛和盾。

矛用來進攻，對職場人來說，就是進取精神，說得實在一些，是「鑽營」技巧。「厚黑教主」李宗吾曾說過：「有孔必鑽，無孔也要入。有孔者擴而大之；無孔者，取出鑽子，新開一孔。」這種精神就是職場人的「矛」，瞄準一切機會去爭取自己的利益。與進取精神相呼應的，就是打不死、嚇不怕的「厚臉皮」的精神，也就是我們所說的職場人的「盾」。切莫小看了這面「盾」，李宗吾說，掌握這一技巧的人，「就是走到了山窮水盡，當乞丐的時候，也能比別人多討點飯。」

有些年輕人初入職場時臉皮薄、太敏感、自尊心過強，上司駁回建議，就自我貶低再也不敢張嘴說話；上司拒絕要求，就覺得前途迷茫再也看不到希望……其實，這都是因為心裡缺少一面厚實的「盾牌」。

吳楠祥大學畢業之後，在一家大型企業的人力資源部門做專員。由於是本科系，吳楠祥對這份工作很重視。可是工作了三個月之後，他漸漸心生不滿，因為他的主要工作是負責員工的考勤，與他渴望的「薪資福利經理」相差甚遠。可做為一個新人，他不敢冒然向老闆提意見。

時間過得很快，一年就這麼匆匆溜走了，吳楠祥還是每天盯著打卡機、整理大家的考勤記錄，看不到任何職位變動的跡象。然而，在這一年裡，吳楠祥的心態成熟多了，他決定主動找部門主管溝通，改變自己的工作職責。當他向主管提出這一要求時，主管說了一堆「你經驗不足」、「考勤也是重要工作」之類的話。這就等於婉言拒絕了他。換在一年前，吳楠祥會羞愧難當的，但是已有一年職場鬥爭經驗的他深知「爭取」的重要性。吳楠祥毫不氣餒，換個時間，又找主管詳談了一次。

在這次談話中，他詳細地解釋了自己為什麼要擔任薪資福利這方面的工作，也證明了自己具有這方面的潛力，甚至巧妙地暗示主管，自己願意成為他的「心腹」。主管深感吳楠祥是「可塑之才」，雖然沒有明確表態，卻已做出決定了。

沒過多久，吳楠祥就如願以償地爭取到了自己想做的工作。

吳楠祥的成功就在於，他用一年時間鑄造了屬於自己的「矛」和「盾」。做為新人，他尚未知曉如何去爭取自己的權益、得到自己想要的職位，並且害怕失敗。但是經過一年的歷練，他掌握了「鑽營」的技巧，懂得如何巧妙迂回地表達意願，並且在第一次被拒之後改變戰術，發起第二次進攻。吳楠祥真正做到了「攻守兼備」，當然「攻無不克戰無不勝」。

俗話常說：「巧婦難為無米之炊。」其實不然，如果真的「巧」，「無米」也能想方設法找到「米」來做飯。在職場中，謀求職位、索取高薪、結識人脈，都需要你動腦筋、下功夫，並且做好「一而再，再而三，不達目的不甘休」的準備。

可攻可守，矛與盾兼備，職場人的慶功宴便指日可待了。

丟掉「懷才不遇」的抱怨

如果覺得自己的才能被埋沒了，就要想方設法來證明自己。就像烏雲遮不住太陽，夜幕掩飾不住繁星，一個有才華的人是不會被暫時的「虎落平陽」困住的。你所要做的，就是堅信自己能夠破繭成蝶，反敗為勝。

和大多數女孩都有「灰姑娘」的夢想一樣，大多數的職場人都希望能遇到賞識自己的伯樂。可惜，到了職場，這樣的「傳奇」似乎很少見。不是傳奇少了，而是抱怨太多了。

很多年輕人進入職場之後，做著自己不喜歡的工作，或者工作不被上司認可，就發出「懷才不遇」的感慨。這種人覺得自己是金子，可是被埋沒了，應有的價值得不到展現。

偶爾抱怨一下沒有什麼，一味沉淪在長吁短嘆中可就不妙了。這時最好儘快扭轉自己的思路，告訴自己：我是金子，無論如何都要發出光來！

在職場中，造成「懷才不遇」的原因可以簡單歸結為以下幾點：

1.你的「才」與所處環境並不相符。舉個例子，你是一個性格奔放、瀟脫不羈、不願向體制低頭的人。那麼，就不太適合在那種節奏鮮明、等級森嚴、紀律性要求極高的環境中工作。這樣既不利於個人能力發揮，也不利於團隊建設，可謂「互相耽誤」，遇到「伯樂」的機率就小很多了。

2.你的「才」沒有得到機會展現出來。有些人確實有才，卻總是藏著。明明寫得一手好文章，卻鎖在「部落格」裡不允許別人看到；明明有好嗓子，卻不願意在集體活動中顯露出來。這就是不懂得「自我行銷」，勢必導致「懷才不遇」。上司們都是很忙的，他們不會睜大雙眼拼命去「發現」你，你必須湊到他們跟前去毛遂自薦。

3.你的「才」沒有遇到「對」的人去欣賞。不能否認，職場中的上下級關係是需要「匹配」的。如果仔細觀察，你會發現，什麼樣的上司帶什麼樣的兵。如果你擅長「文鬥」，而你的上司偏好「武鬥」，那麼你的「才華」在他看來就一文不值。這樣的話，你需要果斷地另投明主，不要蹉跎了自己的好年華。

對照上述幾點，分析一下自己「懷才不遇」的原因到底是什麼。如果與上述情況均不符，那就需要你靜下心沉住氣，伺機尋找「金子發光」的機會。

讓自己「發光」，就是讓自己的才華得到展現，讓自己的表現得到認可。光說自己是「金子」沒用，得拿出真本事來，讓大家看到你的光芒才是上上策。

李明華畢業於一所二流大學的新聞系，但他的專業知識學得非常紮實，所以在求職時表現得十分自信。可是應徵的時候他才發現，自己那份薄薄的履歷太微不足道了。於是，他本著「先生存再發展」的求職之道，進了一家並不出名的報社做記者，待遇也很一般。但他拿出百分之百的努力來做工作，不管多小的事件，只要有機會出去採訪，都毫不猶豫趕到現場。起初，他的新聞稿被主編批得一無是處，可是經過一年的磨練之後，他成為了發稿量最多、稿件影響最大的記者，還被社長譽為「中流砥柱」。

很多人初入職場時都會經歷「醜小鴨」的階段，被前輩使喚，被上司批評，要做許多「跑腿打雜」的「份外事」。但是，越是在這樣被「埋沒」的日子裡，你越要兩眼放光，瞄準那些可以「搏出位」的機會，讓自己找對合適的發展平台。

接受吧，傳說中的「公平」很少見

先學習「接受」不公平，再努力「改變」不公平。當你成為受益的一方，你就會覺得很公平。所謂的「風水輪流轉」，也許是你身分地位改變了的緣故。所以，職場人要懂得調整心態，收起「不公平」的抱怨，為早日實現「公平」努力拼搏。

判斷職場人成熟與否的標準之一，就是對「公平」二字的看法。比較稚嫩的職場人會嚮往一個「公平公正大公無私」的工作氛圍，而成熟的職場人會客觀地相信，公平這個東西根本就是「浮雲」。

這麼說可能有點武斷，讓我們看看權威人士是怎麼說的。比爾·蓋茨在哈佛大學演講的時候曾說：「我離開哈佛的時候，根本沒有意識到這個世界是多麼的不平等。人類在健康、財富和機遇上的不平等大得可怕，它們使得無數的人被迫生活在絕望之中……

我花了幾十年才明白了這些事情。」

比爾・蓋茨那麼聰明的腦袋尚且要用幾十年才看透「平等」的實質，那麼，職場人犯幾年幼稚病也是可以理解的。

不要忘記，比爾・蓋茨的「幼稚」是有資本的，他的母親懂經濟，他的父親懂法律，有一個龐大的團隊幫他運作，所以才能建立起強大的微軟帝國。他不用「打工」，直接就是微軟的老闆，只有別人詛咒他「不公平」的份，他不會痛恨別人「不公平」。

而一些處於職場底層的打工族，眼前「不公平」的事情太多了。簡單來講，同樣是大學生，一流名校畢業的與二流學校畢業的，在求職時遇到的門檻就不一樣。有海外留學經歷的與沒有留學經歷的，遇到的境況也不一樣。當咬牙切齒憎惡那些「不公平」的人和事的時候，很可能也有人正把你視為眼中釘。

在職場中，「不公平」更是處處可見。

那個學歷不如你的人，可能是主管的小舅子，因而搶走了你升職的機會；準備了半個月的企劃書，眼看就要上交上司了，上司卻忽然宣佈這個專案作廢了，你無權反駁；你和某人同時申請一個海外培訓的機會，他的「形象」更好一些，上司說他出去能讓公司更有面子，所以他去了，你留下……這樣的事在職場裡每天都在上演，抱怨沒有用，著急上火也沒有用，還是默默的接受吧。公平，都是相對的。

認識到這一點之後，你就要做兩件事。

第1件事，自然是放寬心。受到「不公平」待遇之後，不要立刻找上司辯解、吵架。你要知道，既然上司已經決定行使「不公平」的權力，你反駁也沒有用。

第2件事，就是學著去做那個享受「不公平」待遇的人。為什麼他會搶走你的位置、奪走你的機會？既然他可以做一些「非常規」舉措，你也不妨試一試。很多時候，只要不觸犯法律，不觸動公司規章制度，不違背做人原則，我們是可以適當把底線降低一點的。比如請客送禮之類的，小意思嘛，美其名曰「聯絡感情」。當你成為既得利益者，原先看起來「不公平」的事情，就會變得很「公平」了。

還是那句話：接受不能改變的，改變不能接受的。前者需要寬廣的胸懷，後者需要靈活的頭腦和過人的膽識。

認真做好「辦公室政治」的功課

人是政治的動物，在職場也不例外。即使擁有一身本事，也要學著理智地看待辦公司政治、清醒地區別辦公室政治、安心地享受辦公室政治，來保護自己不受傷害。

「做好自己的事情就行了，少管那些有的沒的。」世勳從上班的第一天起就被父親這樣教導。於是，聽話的他謹遵教誨，儘量做到「獨善其身」，悶頭做事，不惹是非。可是他漸漸發現，辦公室總是刮來不同級別的「颱風」，而且沒有「颱風眼」可以躲清靜。

一次，部門裡新來一位姓劉的副總經理，據說在前單位做得不錯，是被重金挖過來的。但是大家都看得出來，這位「空降兵」與原來的潘副總面合心不合。團隊裡的人都很自覺地「選邊站」，不用問，都站到潘副總一邊。

面對這樣的境況，世勳就是想「獨善其身」都很難了。在潘副總的眼裡，「中立」就意味著「背叛」。世勳雖然極力避免捲入權力派系之爭，但還是逃不掉。

參加工作之後，我們或多或少都會遇到世勳這樣的境況。說到底，辦公室政治是一場你不參賽就會自動被判出局的遊戲，涉及到權力爭奪、資源占有、資格排序等問題，根本沒有「乾乾淨淨」的旁觀者。

地球上沒有真正的中立國，辦公室裡也沒有可以明哲保身的人，只要身在辦公室裡，就需要理智地看待這件事。

這麼說，不是讓所有職場人都成為「陰謀論」者。至少，做一些辦公室政治的功課，可以讓我們少走彎路，節約時間成本，把人脈關係理得更順暢。

辦公室政治是一門深厚的學問，說它包羅萬象也不為過。在這裡，有很重要的幾點，需要職場人多加注意。

1.認清每一個人。「人」是辦公室裡最核心的部分，誰是掌握實權的，誰是拍板決策的，誰是紅人，誰是「臥底」，誰是老好人，誰是兩面派，誰不能得罪……這些你都要明裡暗裡觀察清楚。如果「浸泡」了一段時間，你連大家的真面目都看不清楚，那真的是「很傻很天真」了。

2.理清團隊、部門裡的關係網。看清了單個的「人」，還要把人聯繫在一起看，看出背後的「網」。很多關係是牽一髮而動全身的，如果你不瞭解這一層，很可能在說話的時候得罪了什麼人，或者在做出決策時損害到某個團體的利益，那樣的損失就大了。

3.為自己「招兵買馬」。如果不甘心在團隊做默默無聞的小卒，就應該在摸清團隊的狀況之後，拉攏那些能夠為你所用的人，充實自己的智囊團、培養親信。事實上，在一個團隊中，有領袖潛質的人只有少數幾個，大多數是比較普通的。如果能夠掌握一些收買人心的技巧，把大部分人都聚攏到你的麾下，就能更早體驗到「上司」的樂趣。

在辦公室想「獨善其身」的人，下場可能是成為「邊緣人」，最終被大家遺忘，甚至說不準哪一天就得捲舖蓋走人。與其對辦公室政治心懷排斥、畏懼，不如投身其中，享受辦公室政治。而拿捏的分寸則是：害人之心不可有，防人之心不可無。簡而言之，就是廣交朋友，讓同事和上司成為你的良師益友。

靜下心來度過基層「潛伏期」

就像跳遠做準備一樣，深深蹲下是為了高高跳起。初入職場的人只有練好基本功，充實業界人脈，才能學到更高一層的職場絕學。

一些求職、或者工作時間不長的年輕人，動輒就說「我要做董事長助理」、「我要帶若干人的團隊」，口氣很大，讓人驚嘆「後生可畏」。

這樣的霸氣外露，表明的是一種急於求成的心態和急功近利的浮躁。從諸多職場成功個案來看，沒有哪個優秀的職業經理人一起步就是高級職位的。那些成功的企業家，更是從基層做起，紮紮實實，走向成功的頂峰。他們之所以有「高高在上」的今天，全都是因為有過「寄人籬下」的過去。

《易經》裡有句話叫做「潛龍在淵」，意思是龍在能力不足的時候不是在天上飛騰的，而是在深淵下潛伏。這種狀態正是職場人初入新環境的必經階段。

在一個你並不熟悉的團隊裡，你沒有發言權，沒有選擇權，必須懂得放下架子、放下自尊，讓自己低些，再低些。為了獲得知識，為了累積人脈，為了迅速瞭解這個新環境裡的情況，你需要讓自己成為一條「潛龍」，汲取一切能量，為以後的飛天做準備。

這幾年，通用公司的前總裁威爾許很受關注，這位大富翁的成長之路也因循著從「基層」到「高層」的路數。他在很小的時候就在鄉村俱樂部當球僮，這個差事做到了高級中學；他在學校放假的時候到本地的郵局做事，派送《賽勒姆晚報》；還在一家玩具廠操作過鑽床；他甚至在一家商店賣過鞋，捧著顧客的「臭腳」請求他們試穿。

經過這樣的鍛鍊，威爾許感慨道：「打工的經歷讓我明白，想做一些事情，必須先做出很多不想做的事情。」他抱定這樣的信念不斷成長，成為通用公司的「傳奇人物」。

這不是為了煽情而編出的故事，這是威爾許在自傳中講到的。從他的經歷中我們不難看出，人在基層吃一些苦，受一些磨難，會增長見識，並因此堅強起來。如果你沒有在基層歷練的經歷，就不知道自己的重心在哪裡，即使日後升到「高位」，也會像「先天不足」的植物一樣，根繫不牢而提前夭折。

總結一下，在基層「潛伏」要實現這樣幾個目標。

1.熟悉環境，適應環境。剛剛進入一個新的單位或者部門，需要一段時間調適自己，跟身邊的人建立友好關係，並通過他們瞭解這塊「實地」有哪些明規則、潛規則。這些資訊書本上不會告訴你，你必須在實踐中才能獲得。而這些，都將成為你紮根的土壤。

2.苦練基本功。在基層的時候接觸的都是一線的工作，也是學習的大好機會。在職場上有所作為的人，都是在某專業領域有建樹的人。這種功必須在基層時打紮實。

3.適時裝傻充愣。旁觀者清，做為一個不起眼的基層「小卒」，沒有人會刻意隱瞞你、欺騙你，所以，你可以裝傻充愣，多瞭解一些「內幕消息」，做到心中有數，力爭「朝中有人」，然後你就「好做官」了。

在基層「潛伏」的日子不好受，枯燥、乏味，看似漫長無邊。可是換個角度看，這時的你就像一塊乾爽的海綿，努力吸收身邊的每一滴「水分」，使自己逐漸變得有分量、有內涵。這樣一來，你再去尋找發展自我的機會就容易得多了。

像老闆一樣思考，像員工一樣執行

聰明的職場人會在做好小職員的同時，站在上司者的角度想問題、看問題。機會總是留給有準備的人，只有具備老闆頭腦的人，才有可能成為老闆。

我們經常可以遇到這種情況，兩個同時進入企業上班的人，履歷上反映的情況差不多，可是工作了一段時間之後，二人進步的幅度卻差別很大：其中一個迅速贏得老闆的賞識而平步青雲，另外一個則原地踏步，逐漸成為庸庸碌碌的普通員工。

出現這種情況的原因有很多，最重要的一點是他們對自己的定位不同。原地踏步的人，只把自己當成小職員，做事的方式和思考問題的角度都是從小職員的立場上出發的。這種員工是組織裡最穩定的部分，同時也是沒有提升空間的那一部分。

平步青雲的人之所以受到老闆的賞識，是因為他超前一步把自己當成了管理者。雖然他做的是普通職員的工作，但是他會留心觀察老闆的一舉一動，主動研究老闆思考問題的角度和方法。當他的思考方式、做事方式、處事方式都像老闆的時候，他當老闆的日子就不遠了。

這個道理並不難懂。超越自己的職責去思考，你會對自己嚴格要求，各方面能力都會迅速提升。

一家大型連鎖超市的負責人曾經講過這樣一個故事：部門有兩個新入職的採購員，經理打發他們去調查市場上的蔬菜行情，看看有什麼貨源可以增補進來，因為超市的庫存不多了。

陳大華先出去做調查，回來之後告訴經理，市場上可用貨源有馬鈴薯和番茄。經理問，有多少。陳大華不知道，又跑到市場上去問，然後回來報告。經理又問價格是多少，他又不知道，只好第三次跑到市場去問。

另一位員工安宇翔卻有完全不同的表現。他去了一趟批發市場，回來之後交給經理一份列印得整整齊齊的「調查研究報告」，上面清清楚楚寫著有多少人在賣馬鈴薯、多少人在賣番茄，價格分別是多少，總量大概有多少。他甚至還帶了樣品回來，並標明是哪一家的，以方便採購人員直接聯繫貨源。

安宇翔幾乎把上司可能問到的問題都想到了，把可能用到的資料都清楚地記錄下來，說明他已經完全能夠勝任一個管理者的職責了。

其實，在這個故事裡，部門經理只是用一種含而不露的方式在考察陳大華和安宇翔。他們兩個人並不知曉，只是按照平時的思路去做事，結果卻大相逕庭。誰會在未來的職場競爭中脫穎而出，已經毫無懸念了。

這樣說，當然不是慫恿大家天天去研究上級的心思而放鬆手頭的工作，靠「小伎倆」獲得成功。意思是，如果你渴望成為管理者，必須要「學」著去做管理者。機會總是留給有準備的人，如果你期望自己先當上上司再研究如何當上司，那恐怕就難有實現的可能了。

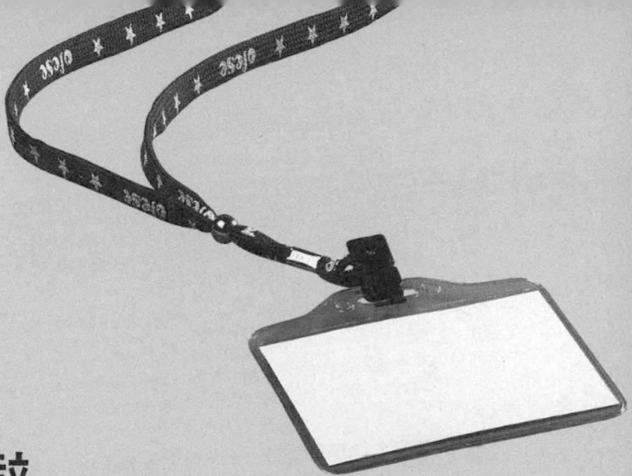

第二章 巧言善辯 職場歡迎打圓場的人

職場自有一套特殊的「語言系統」，稱呼、場面話、恭維話、酒桌話都是有講究的，遭遇尷尬和矛盾的時候也需要用靈活的説辭來打圓場。在這個神奇的圈子裡，每個人都應該練就一張巧嘴、甜嘴和嚴嘴。那些能夠在「説滿」與「説空」之間遊刃有餘的人是聰明的，能夠嚴守祕密絕不吐槽的人是會受到重用的。

系統學會「職場語言」

職場大多數時間是「常態」的，所以職場語言也有「常規」模式。常規就是日常規範，掌握這樣的語言，你至少可以不做啞巴、不說錯話。而練好這些日常用語，並在此基礎上尋求突破，是職場人進步的最好途徑。

中國的語言藝術博大精深，到了職場這個沒有硝煙的戰場上，它的重要性更是充分體現出來了。有些江湖「老手」可以三言兩語把大事化小，小事化了；而一些初出茅廬的「菜鳥」，很可能因為一兩句話說得不恰當而讓自己成為職場炮灰。

職場有獨特的「語言系統」。為了讓溝通更簡單，把語言帶來的麻煩降低到最小，我們可以嘗試學習一些慣用的職場語言。這些語言簡單易懂，不含歧義，既能明確表達你的意思，又不至於太犀利而傷害對方的感情。

常用的職場語言有以下這些：

1．感謝上司的栽培。

當上司表揚你的時候，請務必把這樣的話掛在嘴邊，並且是發自內心地感謝。這不是「官樣文章」，如果上司不給你機會，縱然有天大的能耐也無法施展。這樣說，表明你是一個懂得感恩的人，下次有「好事」時上司往往還會考慮你。

2．我立刻去辦。

這句話可以表現出強大的行動力和執行力。沒有哪個上司會喜歡拖拖拉拉的下屬，一句「立刻去辦」既能表明忠心，又能說明你是個腦子靈活、應變能力強的人。即使在行動的過程中稍有遲延，只要及時跟上司互動，也能獲得他的支持和諒解。

3．是我一時疏忽，幸好……

這是一句認錯的話，特別是在上司面前。前面一小句說明你已經認識到自己的錯誤，後面的「幸好」可以適度為自己開脫一下，使自己不至於太過狼狽。當然，這要根據犯錯的程度而定。倘若你給團隊帶來了重大損失，直接說一句「我錯了，您處罰我吧」更有用。

4．讓我再認真想一想，下午三點以前（或者另找時間）答覆您好嗎？

當你對上司或者同事、客戶的意見有所保留的時候，這句話可以幫你拖延時間，爭取更多思考機會。

5．榮譽是大家的。

在團隊裡面，這是最重要的句子之一。特別是當團隊取得成績時，即使你是主力幹將，也要把這句話說得清清楚楚，明明白白，否則很容易招致眾人的不滿。

6．沒什麼，別放在心上。

這是表現自己寬容大度的一句話，在日常工作中應該多多使用。

7．這件事沒你就辦不成啊！

這是一句巧妙的恭維話，更是求人辦事時必不可少的「敲門磚」。職場中「戴高帽」是很有學問的，用這樣一句話做開場白，對方很難拒絕你。

8．你說得太對了！

贊同是一種巧妙的恭維，在同事中間必不可少。

9．您的觀點確實有獨特之處，但是……

這是一句婉轉表達異議的策略性語言。職場裡不一定永遠點頭說對，一味迎合別人，會被看成沒有主見。不管是對上司，還是對同事和下屬，你都有權說出自己的不同觀點，但是切記不能直接說「你錯了」。而要先肯定，再「但是」，給對方留出轉圜的餘地。

10．這種話好像不太適合在這講。

很多事情是不適合在辦公室講的，但是偏偏有些人大嘴巴，一定要講，而且還要拉上你跟他一起講。這時，你可以用這句話婉轉地告訴他，既表明你的立場，也給對方善意的提醒。

11．我總結一下。

這句話很適用於多人發言的會議上。有些人不擅長會議發言，或者對會議的主題沒有想法，乾脆保持沉默。這樣做就錯過了一個自我表現的機會，無異於「自棄」。如果你是這樣的人，聰明的做法是說一句「我總結一下」，哪怕你把前幾位發言人的話簡要地整理重複一下，也比悶不作聲要好。有趣的是，最後「重複」的話，往往比第一遍說出口時更容易給人留下深刻印象。

當然，職場常用語言遠遠不止這些，這裡只是列舉了一些最常見、最基礎的。職場人需要多向那些口才好的職場達人取經，多留心他們怎樣說話，必要的時候模仿借鑒一下，在「統一模式」的基礎上形成個人風格，你就能成為職場裡的「巧言人」了。

有策略地稱呼別人

小小的一個稱呼可以反映出不同的意思，花些心思在這樣的細節上，用細微的變化傳達不同的含義，職場謀略於此可見一斑。

選擇「稱呼」是職場語言的入門課。職場中，稱呼的不同可以反映出兩個人之間關係的遠近，還可以揭示出彼此的地位和身分。

在職場中，最恰當的稱呼當然是莊重、規範、正式的。

歸納一下，常用的稱呼有以下幾種：

1.職務性稱呼，如「張經理」、「王部長」等。從技巧上看，這樣稱呼對方能給他留出面子，滿足他的虛榮心，同時也能夠表示出自己的謙遜敬重之心。

2.職業性稱呼，如「歐陽老師」、「錢律師」等。在社交場合，這樣的稱呼比較妥當，

若是同事之間，則顯得彆扭了。

3.直呼其名。同事之間最普遍。還可以在姓氏前面加上「老、大、小」等首碼，如「老劉」、「小周」等，彼此之間的距離就拉近許多。如果是關係更親近一些的同事，也可以省略姓氏直接叫名字。

在眾多的稱呼當中，名字無疑是最重要的。牢記別人的名字，並正確無誤地說出來，是一種對對方尊重、友善的表現。電影《穿Prada的惡魔》裡有這樣一個片段，苛刻的女主編扔給助理一本厚厚的大本子，說：「把它背下來。」那個本子裡貼滿了時尚界「大咖」的照片和履歷，助理要把他們一字不漏地背下來，以便提醒主編這是某某。主編的用心良苦，可見一斑。同時，這也是她成為「主編」的原因之一。

成功學大師奧里森·馬登總結自己成功的原因之一，就在於他能直呼對方的名字。他說：「每次談話時，如果能叫出他們的名字，他們便會高興異常。這些人就願意幫助你，會帶給你更多的方便。」

當然了，除了這些基本「禮數」，你還要把稱呼叫得更加具有「策略性」，這就需要你留意對方的喜好，揣摩對方的心思。比如，有一位成功的企業家趙某，他既是某集團公司的老總，又是某一流大學的博士生。在校友會上，你喊他「趙博士」，他聽起來會很開心。若是在重要的經濟論壇上，你喊他「趙總」，就要比「趙博士」更討他歡心了。

小小的一個稱呼，用得恰當往往能夠表達多種含義。我們經常會遇到這樣的老闆，在員工面前總是一團和氣地說：「不要叫我經理，叫我大哥就好啦……」可是，下屬犯錯時，他第一句話就是：「不要叫我大哥，我沒你這樣的小弟！」稱呼一變，火藥味就出來了。

所以，在張口叫人之前，留心觀察一下場合，注意研究對方的心理。

如果對方是比較強勢的人，稱呼職位肯定不會有錯。如果對方是有江湖氣的男士，或者是那種溫婉和氣的女前輩，「趙哥」、「劉姐」這樣的稱呼也是允許的，這樣既肯定了他們的前輩地位，又拉近了你們之間的距離。

學著說一些應景的場面話

場面話乍一聽像「廢話」，卻又是非說不可的「廢話」。正如空氣中比重甚小的微量元素和稀有氣體，它們不起決定性作用，卻又不可或缺。掌握一些應景的場面話，是職場人高升的階梯。

職場就是「人」和「事」的集合，為人做事，求人做事，幫人做事，請人做事……無數巧妙又動人的場面話是聯繫「人」與「事」的橋樑。

會說場面話，做人就會圓通，做事就會順利。幽默大師林語堂在談論中國人的語言藝術時，曾經說過這樣一段俏皮而又經典的話：「求人辦事，有著八股般起承轉合的優美，不僅有風格，而且有結構。求人辦事的過程可分為四段，第一段是寒暄和客套；第二段是敘往事、追舊誼；第三段是談時事、發感慨；最後一段才是提出所求之事。」

場面話，多半是寒暄性的，不涉及實質內容，但它的作用就是將話題逐步引入正題。它是打開交際大門、促進溝通和瞭解的金鑰匙。

場面話能讓兩個初次見面的人迅速拉近距離，能很快地攀談起來。即使是熟悉的人，如果很久沒有見面了，也應該說些應景的場面話互相試探，然後才進入正題。這樣引起話題來，才會更隨意，更和諧。

就如同吃大餐之前一定要有一些開胃的小點心，這樣才能讓你的味蕾慢慢活躍起來，更加興致盎然地進入到下一個環節的吃吃喝喝當中。如果一開始便端來主食，你很快吃飽了，就再沒胃口吃別的了。

談話也一樣，除非是跟你非常熟悉的人，或者早就預約過，為了節省時間才選擇「單刀直入」，否則，多半需要一些場面話做鋪墊，引出後面的主要意圖。有些年輕人反感場面話，覺得這是在浪費時間，甚至認為是不負責任的表現。

如果做為職場人，你還存在這樣的抵觸心理，就要及時調整了。場面話就是一種策略，與「守信」原則並不衝突。它就像一個「緩衝」，讓說話的一方更加充分地表達自己的意圖，也讓聽話的一方有足夠的時間去理解消化。

場面話還能很好地解決一些兩難問題。比如說，有人來找你幫忙，如果你當面拒絕的話，對方會很難堪，你可能立刻就會得罪他。如果你表現出猶豫，對方又會纏著你不放，讓你更麻煩。這時候，你可以用些場面話應付他，然後再想辦法，能幫則幫，幫不上再找其他的理由。從這個角度上來講，說場面話至少可以成為一種緩兵之計，為自己贏得思考和想對策的時間。

熟練地掌握一些應景的場面話，再大的場面都不會冷場，再複雜的酒局你也能輕鬆脫身。「有什麼問題儘管來找我」、「我會全力幫忙的」……這些是常用的場面話。沒有人會去深究你到底出多少力，但是你的話說到了，感情基礎打下了，關係網也就織起來了。

當然了，場面話既然會「說」，就要會「聽」。你在說場面話的同時，也要把他人的正式承諾和場面話區分開來，才不會因為場面話而耽誤了正事。

要判斷對方說的是不是場面話並不難。如果你在他說完之後還多次去找他，他表現得言辭閃爍，總是找一些藉口來搪塞，或者不談及主題，他說的就是場面話。如果他向你進一步詢問細節，並為你分析其中的利害關係，那麼他說的就是真心話了。

恰到好處地恭維別人

恭維是一種積極的鼓勵，也是職場語言中最高深的一門藝術。職場人有必要花費一點時間在這項技巧上修煉，讓自己能夠更快地融入群體，從而結交朋友。

職場語言系統中有一個「通吃」的「語種」，那就是「恭維」。

恭維不是毫無原則地拍馬屁，而是要把「馬屁」拍得不動聲色、不露痕跡。天才就是天才的馬屁精，從「領帶真漂亮」到「決策真英明」，都是恭維，就看你什麼時候說了。

與其說恭維是一種職場隱性規則，不如說它是符合人性的一條定律。林肯曾說過，每個人都希望受到讚美。威廉‧詹姆士也說過，人性最深切的渴望就是獲得他人的讚美。從董事長到清掃的阿姨，心靈都需要恭維的雨露去滋養灌溉——只不過級別不同罷了。

很多人反感「恭維話」，也反感「恭維」這件事，自己就更不屑去說、去做。其實，

只要客觀看待「恭維」的重要性，再掌握幾個恭維別人的技巧，就可以把這項職場語言嫻熟運用了。

1．把「恭維」看成一個積極的鼓勵，給對方帶去快樂

恭維別人的時候不要太矯情，實事求是地誇獎對方一句就可以，對方總不至於一無是處吧。只要從最小的優點入手，給予充分的肯定，就足以讓對方愉悅開心。例如，誇獎女性時說「變苗條啦」、「越來越年輕啦」，誇獎男性時說「腰圍變小啦」、「最近走官運啦」，不管真假，總能讓對方高興的。

2．大大方方去恭維，把它當成社交禮儀的一部分

與陌生人打交道，或者與不太熟悉的人寒暄問好，總是要說「場面話」的。既然如此，倒不如一石二鳥，既打開場面，又讚美對方。比如，面對一位女作家，誇獎她「有書香氣息」，她會十分高興，並不認為你在給她「戴高帽」。

3．因人而異，別用太明顯的「套話模式」

職場中有很多「套話」，受了電腦程式「範本」影響，恭維話似乎都千篇一律了。

聰明的職場人會不惜花費一些時間，在這上面動腦筋的。不同的人有不同偏好，你應該學著看人說話，挑對方喜歡的說。倘若在同一個酒會上，你轉了一圈跟所有女士都說「你好年輕啊」，豈不是讓大家集體鄙視你的「虛偽」？

4・恭維必須適可而止

恭維要適度，它必須建立在真誠的基礎上，只能比真實誇張一點點。如果上司隨便提一個意見，你都會緊跟著拍手說「好」，會被人看扁的。

職場人要明白一個道理，說恭維話是一種很自然的行為，它既是正常人的心理需要，也是人們互相交流感情的一種方式。恭維並不需要刻意為之，而是應該逐漸成為一種習慣。嘗試著用積極的目光看待別人，發現他人值得讚美的優點，擁有一份樂觀向上的心情，那麼，恭維便能脫口而出，信手拈來。

勸酒、躲酒都要懂一些

身在職場少不了喝酒應酬，這是酒量的比拼，更是勸酒和拒酒藝術的較量。只要你足夠智慧，即便酒量很小，也能憑藉自身的機智和口才在酒桌上應對周旋，遊刃有餘。

有句話說：「酒桌上交友，酒桌下辦事。」很多「江湖氣」重的老闆，把酒量當做提升下屬的參考指標之一。

就算老闆沒有這樣的「江湖氣」，在職場中，洽談業務、聯絡感情的最好媒介之一也是酒。毫不誇張地說，兩個人交往不喝酒，這裡面的情意不會太深。

當然，這樣說並不是讓所有職場人都去苦練「酒技」，而是讓大家學一些酒桌上的話，做為逢場作戲、應酬交際時的調劑。不管是勸酒還是躲酒，有些話掛在嘴邊，可以讓你事半功倍。

說到勸酒詞，比較熟知的有：「感情深，一口悶」；「酒是糧食金，千萬要小心」；「酒比糧食貴，千萬別浪費」等等，這些都比較常見。

網路上還可以搜尋到很多文采斐然的勸酒詞，例如，「男人不喝酒，枉在世上走。一兩二兩漱漱口，三兩四兩不算酒，五兩六兩扶牆走，七兩八兩還在吼。」

當你做東時，勸酒時可以說：「客人喝酒就得醉，要不主人多慚愧。」要滿桌打通關時，可以說：「天藍藍，海藍藍，一杯一杯往下傳。」

這些話既有勸酒的效果，又可以調動整個酒桌的氣氛，讓緊張神經得到鬆弛。大家說笑一番，感情增進，合作更順暢。

有勸酒，當然就有拒酒。從健康角度出發，酒要少喝為妙，所以職場人學一些拒酒詞是非常有必要的。如果既不想傷害感情，又不讓自己多喝，可以從以下角度說起。

1．健康情況

很多疾病是要忌酒的，脂肪肝、高血壓、心臟病等，這是大家都可以理解的，所以不會太過為難你。

2．為重大事件做準備

開車、開會、考試、演講等都需要清醒的頭腦，可以用來躲酒。預備懷孕也是一個再好不過的說辭。

3．挑勸酒人的「短處」

對方勸酒都會有個理由，酒桌上的「高手」最擅長發現對方勸酒詞中的毛病，借此躲過一杯酒。

4．巧妙「嫁禍於人」

大多數酒宴都有一個主題，敬酒一般情況下也以年齡大小、職位高低、賓主身分為序。如果某個年輕小夥子第一杯就向你敬酒，你可以說：「今天經理是我們的主角，應該先敬他。」一下子就把酒鋒轉移了過去。

5．背誦一些現成的拒酒詞

有很多現成的拒酒詞，本身就是與勸酒詞對應的，比如說，「只要心裡有，茶水也當酒」；「只要感情有，喝什麼都是酒」；「為了不傷感情，我喝；為了不傷身體，我喝一點。」「出門前老婆有交代，少喝酒多吃菜」等等。這些都是「套話」，實在不行你就背下來，總能幫你抵擋一陣子的。

酒桌上的話是一門學問，也是職場人必須掌握的一門藝術。喝酒不能喝翻臉，實在不能喝就坦誠告知，千萬不要東躲西藏，更不要把酒杯翻過來，或是將他人所敬的酒悄悄倒在地上。桌上碰杯時，如果你是下屬，對方是老闆，你的杯子要低於老闆的杯子。這些都是「禮數」，切不可忽視。

從容化解尷尬

職場中，尷尬的事無處不在，一不小心就會出「洋相」。這就需要我們運用智慧與應變能力，將尷尬化解於無形。

職場人口才好壞，在一種場合裡很容易鑒別，那就是遭遇尷尬的時候。

誰也說不準自己會遇到什麼人、什麼事，所以總會有尷尬的情況發生，例如，被人當眾奚落，好意被曲解，做了糗事被揭發……你可以厚著臉皮哈哈一笑了事，也可以運用幾句妙語讓自己不那麼難堪。

下面，我們根據幾種職場中經常出現的尷尬情況具體講一些化解的技巧。

第1種情況：被人打擾

在辦公室裡經常會遇到這種事情，你忙得四腳朝天，偏就有個「閒人」來跟你說東道西。或者，他不直接來辦公室找你，而是在MSN上說個不停，小視窗彈出一個又一個，打斷你做事的思路，又影響了心情。

遇到這樣的情況，有些脾氣急躁的人會說「我忙著呢，別煩我！」。這顯然很傷和氣。其實你可以應付過去，「嗯」、「啊」兩聲，他自然就知道你不想聊天了。你還可以對他說：「等我做完手頭的工作，再跟你說。」這樣就能輕鬆化解尷尬了。

第2種情況：被人奚落、嘲諷

辦公室裡總會有那種霸氣外露的人，看誰不順眼就直接奚落、嘲諷、挖苦，甚至以此為樂。這不但讓人尷尬，還有傷和氣。若是你跟他吵架，占不到便宜，反而會被認為「沒風度」。倒不如對他的嘲諷一笑了之，也可以像踢皮球一樣踢還給對方。例如，某次聚會上，一個以「穿衣專家」自居的美女嘲笑自己女同事的新裙子，說：「Linda，妳怎麼穿著窗簾就來參加聚會了？」Linda笑著說：「因為我把床單借給妳了嘛！」

第3種情況：好意被人曲解、誤解

沒有比「狗咬呂洞賓不識好人心」更讓人鬱悶的事了。可是偏偏遇到了，你又不能

當眾翻臉。畢竟，跟其他層次的「鬥爭」比起來，這樣的摩擦太小兒科了。

遇到這樣的情況，用寬廣的胸懷去化解就好了，旁人不會因此對你有偏見的。既然有誤會，大大方方說明你的本意就可以了。你問心無愧，解釋過後，對方自然會向你道歉。若是對方仍不領情，該尷尬的不是你，而是他。

第4種情況：做「夾心餅」、「雙面膠」

經常被比喻成「雙面膠」的是丈夫，夾在母親和媳婦中間兩頭為難。其實在職場中，我們也會經常遭遇這樣的尷尬境遇。

比如說，你為一個專案需要跟兩位同樣級別的上司溝通，而這兩位上司的意見一個往東一個往西。你該怎麼辦？心智不夠成熟的話，可能就被「夾」住了。

而對於職場達人來說，這也不是特別難解決的事。你要弄清楚，兩位意見不合的原因是什麼，是性格問題，或是做事方法問題，還是有什麼其他原因。

你首先要拿出一種「和事佬」的心態來，本著息事寧人的原則，把雙方湊在一起，當面徵求他們的意見，讓他們直接達成一致意向。

總結起來，面對尷尬情況的時候，我們需要拿出四種心態來化解。大度，不涉及原則性的問題，就可以不放在心上；精神勝利法，對方讓你難堪，他早晚會遭遇同樣境況的，這叫報應；善良，不要覺得自己難堪了就一定要報復對方，這只會讓自己的心理負擔更重；幽默，就當給大家添個笑料了，有何不可？

總的來說，大多數尷尬都是無心的，沒有必要太過在意。大事不糊塗，小事裝糊塗，最好。

夠聰明的話，給人打個圓場

能夠「圓場」的人受歡迎，因為他們能夠把「爛攤子」儘量變「圓滿」。要做到這一點，首先要在心裡抱定「皆大歡喜」的信念，不能偏袒任何一方，更不能煽風點火，要追求雙方都不受傷害的共贏結局。

職場中，我們不光會遇到自己尷尬的時候，還會遇到其他人尷尬的時候。身為旁觀者，作壁上觀也無可厚非。但是，如果你夠聰明的話，給人打個圓場，把凝重的氣氛變輕鬆，會起到意想不到的效果。

清末官員陳樹屏打圓場的故事堪稱官場一段佳話。某日，陳樹屏邀約多位封疆大吏共赴飯局。在座的張之洞和譚繼洵向來不和，席間，兩個人就長江江面寬窄這件「小事」爭執起來。譚繼洵認定江面寬五里三分，張之洞偏說是七里三分。兩位官員硬是像孩子一樣相持不下，一時間飯局的氣氛變得尷尬而局促。

這時，擅長打圓場的陳樹屏站起來，只一句話就解了圍。他說：「兩位大人說得都對。江面在水漲時寬七里三分，而落潮時便是五里三分。」

張之洞和譚繼洵本來就是信口胡說，接下來由於爭辯下不了台階，聽了陳樹屏的這個有趣的圓場，自然無話可說了。

職場中的很多爭論都是這樣，雙方沒有什麼原則上的分歧，只是在「小事」上較勁。為此，那些能夠「化戾氣為祥和」的打圓場之人就顯得特別珍貴了。

學會打圓場，可以顧全大局，息事寧人，還可以展現你高超的處世技巧和靈活的做人藝術。這樣做，上司和同事也會看在眼裡，記在心上。那麼，我們怎樣才能圓滿地打好圓場呢？

方法1：轉移雙方注意力，把矛盾轉嫁到其他方面

雙方之所以出現對峙，肯定是因為就某一問題各持己見。不妨引入「第三方」。這個第三方必須是他們共同的「敵人」，為了不讓「敵人」看笑話，自然就和解了。

某公司銷售部的管理層在一起開會，討論公司上半年產品銷量下滑的問題。兩個主

要的業務幹部把責任往對方身上推，一場口水戰眼看就要打起來了。

這時，銷售助理立刻出來打圓場，說：「各位上司且消消氣。我們這樣吵來吵去，豈不是讓市場部的人看笑話嗎？其實銷量下滑跟市場部的關係也很大，我們應該跟他們理論，不能自己內部吵架啊。」

助理的這句話起到了立竿見影的效果，主管和經理們立刻安靜了下來。

方法2：把壞事說成好事，用幽默掩蓋瑕疵

同事或者上司當眾犯錯時是最尷尬的，如果你能輕鬆地幫他解圍，為他的小過失打打圓場，也是一個建立好人緣的機會。

某部門新上任的「空降兵」歐陽經理召開部門會議。為了表現自己對未來工作的重視程度，他要求在大會議室裡開會，還要站到會議室前面的講台上去發言。可是，就在他上講台的時候，由於不熟悉環境，竟然一腳邁空，險些摔倒。

初次「露臉」卻變成了「丟臉」，歐陽經理好不鬱悶。台下的人想笑又不好意思，場面真尷尬。這時，助理開口說道：「大家注意了，經理在親自為我們示範『腳踏實地』的重要性。以後的工作，我們必須一步一腳印地做好，否則是會『摔跤』的。」

大家集體鼓掌，歐陽經理更是對這位助理充滿了感激。

方法3：模稜兩可「和稀泥」

雙方爭執不下的時候，多半很難說誰對誰錯。要給他們打圓場，關鍵是要求同存異，找到他們都認可的那個點，然後稍微調和一下。就像蹺蹺板遊戲當中，你按住中間的支點，兩個人就不會再上上下下地搖擺了。

某天，三位一線銷售員要一起去拜見一個重要客戶。他們約好了下午兩點在客戶所在的辦公大樓下見面。可是時間到了，甲和乙都在，丙卻不見人影。他們給丙打電話，丙卻說在樓裡的咖啡廳喝咖啡呢。原來，丙二十分鐘之前就到了，外面天冷，他就走進咖啡廳邊喝咖啡邊等甲乙。乙責怪丙自私，丙說乙太死腦筋，於是兩人便爭執了起來。

甲見狀說道：「好啦，我們不要為這事爭啦，怪我們沒說清楚，是在大樓裡面等，還是在大樓外面等。現在有重要的客戶要見，再不去就誤了時間了。」

這樣的話說出來，乙和丙也就不再鬧情緒了。

在真正的職場當中，討論、聊天的機會很多，爭執、誤解也在所難免，只要我們本著「調解糾紛，打破僵局」的目的去息事寧人，就能成為一個打圓場的高手。

「雞毛蒜皮小事」要幫上司扛一下

很多看似微不足道的小事卻會帶來很壞的影響，做上司的最討厭這種小事。如果下屬能夠幫忙扛一下，不僅賣給了上司一個人情，還為自己的加薪升職鋪平了道路。

有這樣一個笑話，說的是某上司帶祕書與好多人同時乘坐電梯上樓，上司不小心放了一個又響又臭的屁。為了給自己「開脫」，上司故意問身邊的祕書：「是你放屁的吧？」祕書連忙否認。事後沒過幾天，祕書就被辭退了，理由是：雞毛蒜皮的事你都擔當不起，還能幹什麼大事？

職場人看到這樣的笑話都會相視一笑。這裡面的學問多得很，既涉及「面子」又涉及「裡子」。因為沒有保全上司的「面子」，就讓自己丟了「裡子」，太不划算了。其實，這原本就是一句話的事。

職場人的說話技巧，往往就表現在這種小事上。看似很小，說對了時機就能收到四兩撥千斤的效果。

方先生當上部門經理的第一個月就遭遇了很「不幸」的事：部門員工集體被扣除當月獎金。這不是方先生的錯，剛巧趕上企業效益下滑，其他部門也是這麼做的。消息尚未正式宣佈，就已經有人怨氣衝天。部門員工看經理的眼神就像聞到「臭屁」一樣厭惡。偏偏方先生又是「新官」上任，沒有應對的經驗，他不知道怎麼做才能把壞影響降到最低。

幸好，他有一位得力的祕書。祕書決定出面做「壞人」，她召集了部門同事，向大家公佈了這個壞消息。並且一再說：「方經理一直在總經理面前為大家據理力爭，他甚至提出自己的獎金不要了，平分給大家。方經理這麼夠義氣，我們應該更努力地工作，儘快把效益提上去。」

祕書這一做法獲得了很大的成功。按說這並不是祕書職權之內的事，但是她替經理做了一次「惡人」，當了一次「盾牌」，經理自然對她十分感激。日後的工作中，經理也會將她視為親信，格外「照顧」。

在一個組織裡，傳達「壞消息」的人往往容易成為眾矢之的，所以，上司最害怕的事就是跟大家講「裁員」、「減薪」、「扣獎金」、「加班」這種話。這些負面消息就像一個個「臭屁」蔓延在組織內部，絕對讓人討厭。

可是，壞人總要有人來當，那個願意替上司「扛」一下的人，會很容易得到上司的賞識，從而有利於日後的加薪和升職。

在你的上級最需要的時刻，你能夠及時勇敢、得體巧妙地站出來，為他解除尷尬、窘迫的局面，往往會取得出乎意料的效果：你會突然發現，原來只是工作上的關係，增添了感情的色彩；原來對你的評價一般，而現在一下子發現了你更多的優點，就連原來的缺點也似乎得到了「重新解釋」；你甚至會發現，自己的晉升之日已經指日可待了。

要把握好「滿」和「空」的分寸

道德家總是教導我們「不要說空話」，可是事實上，「空」是職場人最好的一種自保手段。與其相對的「滿」反而會招來麻煩，把自己逼得無路可逃、無處可去。

職場中有一門重要的語言叫做「空話」。它包含兩個含義：一是文字上空洞不涉及核心的內容；二是留有餘地，不做百分之百的承諾。

簡單解釋，「空」就是為了給自己留一條後路，把話說得圓滑一些，把事情辦得活一點，不要讓自己說出去的「滿」話牽制住。

特別是在面對責問的時候，更要把握住「滿」和「空」的分寸。事情出現了不好的結果，上司怪罪的時候可以虛心接受，把責任全部承擔下來。但是事情尚未發生，上司詢問你結果的時候，萬萬不能說「滿」，要說「空」。

這裡的「空」並不是指言之無物，而是不要過多說對自己不利的話，給自己留下足夠迴旋的餘地。

尤其注意的是，千萬不要說大話。否則，就會給自己的工作帶來不利的影響。

啟泰曾任某公司銷售部的分區經理，後被獵「挖」到另一個公司，擔任大區經理，手握大權。當然，肩上的擔子更重了。

啟泰對新接手的工作做了一番認真的研究分析，認為上級交代下來的銷售指標並不難實現。於是，在與上級談話的時候，他對下半年的銷售前景表示出了極大的信心。

總監笑著對他說：「果然信心十足，真是後生可畏啊！」

然而，現實很快讓啟泰冒出了冷汗。一場席捲全球的經濟危機偏偏在他上任之後到來了。公司的銷售業績全線潰敗，慘不忍睹。

啟泰這樣的「職場老手」尚且會犯「滿」的錯誤，進入職場不久的年輕人，更要意識到「空」的重要性了。

對於一般人來說，經常會遇到在上司面前表決心的事。有些人頭腦一熱就會「拍胸脯保證，拍大腿認同」，可是事情辦砸了，或者先前許下的諾言實現不了了，只能讓人看笑話。

為了避免成為這樣的笑料，我們必須掌握「空」的技巧：話不能說得太滿，事情也不能做得過火。

要善用「空」的智慧，即便自己能做到的事，也不能隨便保證。當你滿懷信心承諾的事情最終沒有得到兌現時，它就是最大的「空話」。哪怕你完成了90％，也是空話。相反，你在說出口的時候就許諾90％甚至更少一些，你全做到了，別人就會認為你「言必信，行必果」，是個說到做到的人。

老闆交代的事不要對外「劇透」

老闆讓你「保密」，其實事件本身並不一定有多高的保密性，很可能是老闆在考驗你的嘴巴牢不牢。若是你有「劇透」的毛病，總把老闆交代的事情順嘴說出去，那麼你的職場前途就岌岌可危了。

「曉靜，你進來一下！」老闆把新入職不久的財務員叫進了自己的辦公室，並且叮囑她把門關好。外面的同事猜想，八成有好事降臨到曉靜的頭上了。

辦公室裡，老闆問曉靜：「聽說你自學過日語，能夠做簡單的口譯，對嗎？」曉靜點頭稱是。老闆很開心，對她說：「這幾天，你好好把基本的商務口語練習一下，我要去日本出差，因為涉及財務祕密，帶翻譯不太方便。既然你懂日語，就可以充當臨時翻譯了。」接著，老闆特意叮囑道：「你要保守祕密，讓翻譯知道了，可能會產生不好的影響。」

走出老闆辦公室，曉靜高興得連走路都一蹦一跳的。同事追問有什麼好差事，曉靜記著老闆的吩咐，閉嘴不答。可是，吃午飯的時候，她的好心情還是明明白白掛在臉上，喜形於色，遮都遮不住。

一旁的同事問：「是不是老闆偷偷塞給你紅包了，看你高興成這樣。」

曉靜心想，稍微透露一些無關緊要的資訊沒什麼大不了的，於是就說：「下週老闆可能要帶我出差，我好期待呀！」

說者無心，聽者有意。雖然曉靜極力保持低調，沒有過多吐露細節，還是被同事猜了個正著：「是去日本吧？不用保密了，我們早就知道了。以前老闆都是帶翻譯 Lucy 去的，現在改成帶你去，你真走運！」曉靜聽了這話更加開心。

殊不知，這位部門同事吃完午飯就在 MSN 上跟大家宣佈了這件事，而且事件的本身變得十分八卦：「老闆要帶曉靜去日本，連翻譯都甩開了……」可以預料，事態變得多麼嚴重。

曉靜因為自己的一次大意「劇透」，不但失去了老闆對自己的信任，還被緋聞纏身，

不得不另謀高就。

一般來說，老闆把員工叫進辦公室「單獨談」，往往意味著老闆很看重這位員工或者很重視這件事。談話的內容就算不是「機密」，也是「不對外人道」為好。特別是在曉靜這個故事裡，老闆特別叮囑了要「保密」，曉靜就更應該管住自己的嘴巴。

位置越高的人，越懂得資訊的價值。老闆對你說的話，可能你覺得「沒什麼」，在外人聽來可能就有另外一種含義。你隨意「劇透」出去，既出賣了老闆，也暴露了自己的無知，日後就很難得到老闆的信任了。

假如你遇到曉靜這種情況，不能說，同事卻又追著問，你就應該學會打啞謎，隨便應付一下。你可以說，「老闆誇我表現不錯」，或者說，「老闆讓我單獨向他彙報工作」。你盡可以把責任都往老闆身上推，同事再八卦，也不至於追著老闆問個究竟吧。要是連這點「保守祕密」的基本功都沒有，你是很難得到老闆器重的。

別當聚會中的吐槽者

爆料之類的事還是交給「狗仔隊」去做吧，雖然大家都伸著鼻子渴望聞到一些有趣的資訊，你卻萬萬不可為了譁眾取寵而當吐槽者。

如果你細心觀察就會發現，同事聚會簡直就是一場「真心話大冒險」的刺激遊戲。很多人在辦公室裡還保持著理智和距離，可是到了聚會場合就會放鬆戒備，一不小心就來幾句「真心話」。對上司的怨言、對同事的不滿，甚至憂國憂民的情懷都會成為聚會中的談資。

融入聚會是應該的，但是絕對不能在聚會的時候忘乎所以，不小心成為吐槽者。從來都是「禍從口出」，吐槽者飲恨敗走職場的例子不勝枚舉。

吳函淵曾在某公司人力資源部門當主管，按說應該是心有城府、嘴巴甚嚴，可是一次聚會上的「大嘴巴」行徑卻讓他吃盡苦頭。

因為他從事人力資源的管理工作，對公司內部人員的「底細」都有清楚的瞭解。某次部門聚會中，大家談到市場部新來的大區經理司徒南，都對他讚不絕口，認為公司花重金聘用他是值得的。吳函淵由於貪杯，頭腦開始發昏，就冒出一句：「我告訴你們，阿南的履歷動過手腳，他在前公司的業績是有灌水的。」

這樣的「猛料」一經說出，大家的注意力立刻都被吸引了過來，催著吳函淵講講內幕。因為多喝了幾杯，又有大家「捧場」，吳函淵乾脆就把阿南的「老底」都揭了出來。說他在前公司如何大筆撈取回扣，如何得罪大老闆。他還說阿南在進公司之前，人力資源部對他做過背景調查，之所以沒有查出真相，是因為他收買了做調查的人。

借著酒勁，吳函淵說了一大堆關於阿南的往事，大家都當故事來聽，唯獨有個新到HR不久的人力資源專員把這些事牢牢記在心上。這個不起眼的小人物恰恰是阿南安插在HR的眼線，專門用來通風報信的。可想而知，吳函淵的這一番吐槽很快就傳到阿南的耳朵裡。

沒過多久，吳函淵就接到了一紙調令，從原來的招聘主管變成考勤主管，簡直從天堂掉進了地獄。吳函淵再三央求上司也無濟於事，因為上司不願意為他這個「酒後失言」的下屬埋單。

毫不誇張地說，很多聚會都在演繹類似的「竊聽風雲」，你在這廂大放厥詞，他在那廂如實轉告。你不知不覺就被別人當做眼中釘，最後連怎麼「死」的都不知道。

所以說，在聚會的時候，開心玩是可以的，跟大家交流感情也是可以的，但千萬不要拿別人的「真相」當話題，成為那個倒楣的吐槽者。有句名言說：「想要知道更多祕密，就要懂得如何保守祕密。」做不到這一點，恐怕你在吐槽之後就要「吐血」了。

不懂就保持沉默

不懂沒有錯，不懂裝懂就大錯特錯了。適時保持沉默是一種藏拙的智慧。在職場裡，有知識盲區的人是安全的，刻意把自己偽裝成「萬事通」、「小百科」的人不僅不會得到尊重，還會招致反感。

陳啟源大學時學了五年建築設計，畢業之後在一家很大的公司工作兩年，覺得不開心，就辭職去國外深造。家人並沒有追問過他工作不開心的原因，只是全力支持他的留學選擇。

學成歸來，陳啟源做為「歸國」碩士，得到了人資單位的青睞，很快又被一家大公司高薪聘用。然而，做了三個月，部門上司就發現這位「高材生」有一個致命的缺點——不懂裝懂。他堅信自己是「科班」出身，在設計方面比誰都在行，凡事一意孤行，固執己見。

部門上司多次找陳啟源溝通說：「做設計不是一個人就能搞定的，必須和其他人合作。一張圖紙不光是你設計師一個人的心血，還要涉及校核人員、審核人員等等。你不跟別人溝通，總覺得自己是行家，是要出問題的。」

沒過多久，審核人員就跑到上司這裡訴苦：「那位姓陳的設計師太過分了，做事死板，不懂裝懂。我在他的圖紙上找出一堆錯誤，足足校核了十幾遍才把他的錯誤糾正完。他非但不感謝我，還說我做事方法有問題！」

即便如此，陳啟源還不承認自己有錯，仍然以「行家」自居，甚至時不時到老闆那裡比手畫腳，這就讓老闆非常惱火了。

職場「新」人並不是針對年齡來說的，即便你三十幾歲，剛剛進入職場，在沒有摸透行業的各種規則之前，也算是「新人」。既然是新人，就要多聽前輩的建議，不要總是不懂裝懂。一般來說，凡是正規的企業和用人單位，對待新人都是寬容的，允許你「不懂」。這個時候，你有權當「白癡」，只要你臉皮厚些聽從建議就行了。

最可怕的是，有的人生怕別人說他是「笨蛋」，便極力表現自己。這樣的人總想染

指每件事情，四處發表意見。在涉及到自己工作的時候，更是要擺出專家姿態。這恰恰是最大的「不懂」。

真正聰明的職場人深知「沉默」的妙處，一句「我不懂」，含義多多。

第1層含義：說明你是一個誠實的人。別人會因此相信你是老實厚道的，不會主動與你為敵。

第2層含義：引誘對方說出更多「祕密」。很多人都喜歡好為人師，他看到你不懂，就會主動告訴你這問題該如何解決、話要怎麼說。你既滿足了對方的虛榮心，又多了個偷師的機會。

第3層含義（有一點點狡猾意味了）：少擔責任。因為你不懂，所以可以少說，少說就少擔責任，做錯事之後你的關係最少。

職場做事，不懂沒關係，裝懂就很害人了。做一個「有所懂，有所不懂」的人遠遠好過「萬事通」。

聽懂話外音

老天給我們一張嘴兩個耳朵，就是讓我們多聽少說。多聽，細細聽，辯證地聽，翻來覆去地聽，可以聽出不一樣的意味，獲得更多資訊，把它轉變成自己成功的機會。很多「商機」和「天機」都潛藏在那些「只可意會不可言傳」的話語中。

職場是個人場，話多，資訊也就多。這就需要我們的耳朵進化出「過濾」功能，迅速分辨出哪些是有「營養」的資訊可以消化吸收，哪些是沒養分的「殘渣」需要儘快丟到一邊。

楊美華大學畢業之後在廣告公司做文案工作。雖然寫文案是「輸出」性質的工作，但是楊美華特別注意用耳朵「輸入」資訊。午飯時間或者在茶水間休息的時候，同事們談論各種八卦趣聞，她很少插話，但是都留心聽著。

某次，部門要做一個小套房廣告，閒聊時同事們談論那家建商的八卦，說那個商人年輕時有個青梅竹馬的戀人，但是後來分手了。他一氣之下才下海經商，發誓要做有錢人。可是當他賺了很多錢，那位戀人已經嫁給別人了。

楊美華記下了這件事，並把它運用到小套房的銷售廣告中。主要內容就向年輕的購買者宣傳一個理念：沒有錢，也要跟心愛的人在一起；錢很少，可以先安一個「小」家。這個文案一下子就贏得了建商的歡心，當下拍板同意。楊美華也因此賺得自己在職場中的第一桶金。

懂得認真傾聽的人，不但能夠捕捉更多資訊，還能在眾多資訊中聽出不一樣的含義。這也是楊美華的成功之道。如果她跟同事們說說笑笑，將建商的故事聽完就忘到一邊，也不會有精彩的廣告文案出台了。

認真「聽」，還有一個好處，就是讓你聽出更深一層的意思。

身為總經理祕書的管文昊就曾吃過「不會聽」的苦頭。剛剛做祕書的時候，有一天總經理問他：「我覺得行政部門的冗員太多了，你說我們是不是該裁掉一些人？」

管文昊經驗不足，不懂得這句話背後隱藏的意思。他想了想說：「行政部門裁員的話，會不會引起其他部門的恐慌呢？」

總經理的臉上閃出一絲不快的神色，但沒有多說。

下班之後，管文昊跟女友說了這件事。

女友說：「你真笨。老闆的話都說出來了，明顯不是徵求你的意見嘛，而是希望你支持他！」管文昊這才恍然大悟。

本著「亡羊補牢」的目的，第二天一上班，管文昊就對總經理說：「我昨天下班後認真思考了您說的裁員問題，早晨又去人事部門查了一下，發現行政部門的人員確實超編了。公司不應該浪費這樣一筆成本，應該裁掉一些冗員。」總經理臉上有了笑意，並且很快把這項舉措落實到實處。經歷這件事之後，管文昊對總經理的每一句話都會從多個角度去「聽」。他深知，很多話光用「耳朵」聽是不夠的，更要用「心」聽。只有揣摩好說話人的意圖，才能聽出表裡不一樣的意思來。

習武的人講究「眼觀六路，耳聽八方」，就是讓人多看多聽。這與職場成功之道也是相通的。耳聰目明才能做到明察秋毫，用更多的心思去「聽」、去「消化」，掌握更多的資訊和情報，你就在無形當中走到別人前面了。

分享祕密會踩爆職場雷區

零食可以分享，那會讓你更有人緣。煙酒可以分享，那會讓你更加世故老練。但有些東西卻只能放在自己的肚子裡，跟誰分享都不牢靠——比如祕密。

籠統劃分，職場人的祕密分為工作和生活兩大方面。這些祕密都不能隨隨便便與人分享。

工作中經常會有祕密，我們稱之為「機密」。例如銷售方案、執行策略、戰略計畫、目標客戶等等。這些機密往往限定在部門團隊內部幾個人知道，輕易跟外人「分享」就是洩密，輕則丟單，重則構成商業犯罪。這是職場人的職業操守所在，也是最基本的職業素養。

職場人比較容易輕視的，多半是生活方面的個人「祕密」。特別是應酬聚會的時候，幾杯酒下肚，不小心就會吐露出一兩個不能為外人道的事情。比如說，某個訂單拿了多少回扣；跟老闆出差時遇到了什麼人做了什麼事；自己有什麼野心，想得到部門中的哪個職位等等。很容易在放鬆時說出來跟同事分享。

程女士曾經遭遇過「祕密」外泄事件。當時，她正積極爭取人事經理這一職位，為此她已經奮鬥了三年多。眼看勝券在握，她卻意外懷孕。在這個關鍵時刻，她不想讓上司知道懷孕的事而影響到自己的升職，所以把這個祕密放在了心裡。但是，某天中午她和下屬瑤瑤一起吃飯的時候，無意中說漏了嘴。

瑤瑤還很年輕，不知道懷孕這件事對女上司升職會有多大影響。她覺得這是件「喜事」，不顧程女士的叮囑就把它告訴了其他人。很快，大家都知道程女士懷孕的消息了，老闆卻是最後一個知道，臉色相當難看。

最終，程女士還是當上了人事經理，但老闆對她的態度卻大不一樣了。重要任務不再交給她做，而是重點培養程女士的兩個副手，程女士的地位岌岌可危。

如果你認定某件事是「祕密」，就一定要管好自己的嘴巴，不要輕易外泄。每個單位每個部門都會有「小廣播」的角色，他知道了一件事，就等於全天下的人都知道了。

程女士算是有驚無險，倘若真的是因為一時漏嘴而喪失大好機會，豈不是冤枉？

以下列舉的個人隱私，都需要當成祕密善加保護，不要輕易與人分享：家庭背景、受教育經歷、與公司內部人士的關係、與上司的私交、與單位上層的淵源、一些偏「小眾」的思想、與傳統和環境相悖的生活方式、以及自身的某些獨特經歷等等。

這些雖然不是什麼驚天大祕密，但是最好不要輕易對別人說。「以心換心」是一些別有用心的人最常用的伎倆之一，他無緣無故打聽這些做什麼呢？你平白無故跟人分享這些，是不是有炫耀的嫌疑呢？好多看似簡單的事，其實「沒那麼簡單」。

此外，隨著網路的普及，大家都喜歡在論壇、部落格、臉書上面隨便口水幾句，說不定就把祕密拿出來「曬一曬」。你覺得網路上不是實名制，大家不知道是你說的。可是現在網路有那麼強大的搜索功能，可能你的哪句話就被大家揪住不放，成為把柄在手。

第三章 融入團隊 靈活圓通才能贏得高人氣

職場是一張由人際關係組成的網，網中人能夠撈取多少「利潤」，要看自己的網編織得是疏還是密。懂得「上下左右」兼顧、上級平級通吃的人，職場運氣一般不會太差。

在職場中，我們應該學著圓通、通達，儘量做一個好相處的人，積極參加群體活動，多結交高層次的朋友，不但在平級關係中創造好的口碑，更要在上層關係中找到自己的晉升空間。心隨菁英，口隨大眾，這樣的人才能玩轉職場。

不做職場的邊緣人

做「人」和做「職場人」是不一樣的，職場之外你可以彰顯個性也可以享受孤獨，職場之內則必須向組織靠近，融入集體。那些遊走於人際關係邊緣的人很可能因為「不受歡迎」而遭到冷凍或者淘汰，這是職場裡一條重要隱性規則。

做人特立獨行會顯得很拽，但是在職場人際關係中，這是最要命的。在這種思想的支配下，你會與「主旋律」漸行漸遠。如果一味沉迷在自己的世界裡，和周圍同事過於疏離，會導致人際關係不協調。

在職場中，一個遊走於人際關係邊緣的人，是很容易被組織淘汰掉的。

蘇明燦畢業之後在一家設計公司做文案工作。他編寫的文案中，經常出現一些部門主管看不懂的「火星語言」或者「非主流文體」，同事也覺得他的文字過於小眾。時間一長，蘇明燦便覺得自己跟這些人實在沒有共同語言。他不和大家一起交流，不參與聚會，甚至連話都越說越少了。

就在蘇明燦形單影隻的同時，同事們也紛紛在主管面前表示出對他的不滿。有的說：「蘇明燦性格太孤僻，不好相處。」有的說：「他有什麼了不起，憑什麼瞧不起我們？」還有的說：「部門有這樣一個怪人，每天看到他就心煩。」

在一片不滿的聲音中，主管最終辭退了蘇明燦。

特立獨行的人總覺得：「我做我的，他做他的，憑什麼干涉我？」這種「清者自清」的態度，在旁人看來就是「拒人千里」。其實大家沒有「干涉」的意思，靠近只是一種友好的表示，走在一起也是人的社會性使然。過於我行我素的人無形中就把自己和其他人劃了一道界限，把自己放在跟大家對立的位置上。日子久了，沒人「干涉」你了，你也就成了這個團隊的局外人。

避免做職場的邊緣人，比較聰明的做法就是「隨大流」。隨著眾人一起吃飯、開會，你不需要成為人群中的焦點，只要默默加入就可以了。有的人喜歡出風頭，倘若自己沒能成為團隊中最搶眼的那個，就覺得自己的風頭被搶了，便開始討厭這個團隊。這是職場人最應該端正的一種態度。其實職場就像一出戲，主要演員永遠只有幾個，你偶爾跑跑龍套，並不代表你沒有閃光點。

不做職場邊緣人不但可以讓你降低被孤立的風險，還能帶來種種好處。例如，大家聚在一起，免不了談及某些工作的進展情況，你可以瞭解到其他同事在忙些什麼；有些前輩喜歡在人前賣弄，或是傳授經驗，或是閒談某上司的奇聞異事，你也可以長長見識；把自己置身於人群當中，萬一做了什麼錯事，也是大家拴在一起，法不責眾。

職場是個人場，每個人都需要跟周圍的人結成關係、發生互動，將自己處於「場」內，這樣才好生存。

人際關係需要「上下左右」看

平級之間要保持良好溝通，上下級之間更要創造優質互動。就像那風箏高飛必須憑藉向上的氣流一樣，人要在職場高飛，也要借助上級的提拔和賞識。所以，在打造職場人脈網路的時候，我們要意識地提高人際關係的檔次。

家寧在一家出版機構任職，每個月的月初都要向主編申報選題。最近他很鬱悶，自己報的選題主編總是不看好，而跟自己同時期進公司的泰峰幾乎是「百發百中」。他懷疑泰峰給主編灌了什麼迷藥，要不然主編為什麼對他言聽計從呢？

家寧向泰峰請教申報選題的高招，泰峰並不藏私，把這事說得如同「小菜一碟」。泰峰對他說，你研究一下我們部門主要的出版方向，再研究一下主編的喜好，申報選題的通過率自然就高了嘛。

泰峰說的這些，家寧當然知道，他也是一直這麼做的，可還是不能準確摸透主編的心理。每次他填報選題單的時候都心懷忐忑，最後都被主編 say no，害得他自信心嚴重受挫。

後來，家寧乾脆當起了「偵探」，想查個水落石出，為什麼泰峰就像主編肚子裡的蛔蟲，總能找到合適的選題讓主編痛快地投出肯定的一票。最終他發現，泰峰的那些選題，實際上是私下裡早就跟主編商量好的。

原來，每當下班或者週末時間，泰峰經常會以私人名義拜訪主編。他主動跟主編彙報自己的新想法，也問主編最近關注了什麼書，他會立刻找來看。如果想出一個新選題，就會與主編溝通，主編給他提出意見，他就去修改。這樣，到了選題會上，泰峰拿出的選題基本上就已經是成型的了，怎能不通過呢？

事實上，像泰峰這種人，每個辦公室都會出現。他們跟上司關係好、聯繫多、溝通勤，可以精準地瞭解上司的喜好和最新動向。表面上看，他與上司「一拍即合」，默契得不得了。實際上，這種默契是私底下交流了無數次才形成的。這樣的人當然捷足先登，成為上司最倚重、最先提拔的人。

有人把職場中的這種人際關係策略稱之為「第一象限法則」。

我們學過函數，可以用橫軸和縱軸建立一個「職場關係座標」。橫向延伸的，代表與你平行的同事關係；縱向延伸的，代表你的上下級關係。身在「第一象限」區域的人，就是與同事和上級都保持良好關係的人，也是上班族中泰峰那一類人。

就工作事務來說，我們平日裡打交道更多的是平級同事，大家都在「橫軸」上水準移動。這樣可以保證你順利完成工作，卻無法讓你儘快加薪升職。你需要多關注「縱軸」的情況，努力把自己的座標方位往「上」移動，才能讓你有更大的上升空間。

身在職場中的你，不妨把自己想像成座標中（0，0）位置的原點，把上下左右的位置都看清楚，然後為自己選擇一條最好的晉升路線。

很多人在年輕的時候鄙視這樣的做法，認為這是在拍馬，一味討好上司，直到有些人真的爬了上去，超過自己，才翻然醒悟，感嘆為時已晚。

曾經有人做過相關的職場調查，能夠緊密靠近「縱軸」、與上司保持親密互動的人只占到4.8％；大部分人跟上司的關係一般，占接受調查者的48％；還有些人選擇與上司涇渭分明、敬而遠之，甚至陽奉陰違、當面一套背地一套。甚至有很多人的離職原因就是「與上司關係破裂」、「看不慣上司的所作所為」。

不難想像，在這些下屬中，上司會喜歡誰多一些。

聰明的職場人會在職場座標軸中精準為自己定位。他不會一味平行移動，當然也不會總是「鼻孔朝天」，而是既看到「橫軸」的重要性，又要與「縱軸」密切互動，從而全方位掌握職場動向。

「買賣」和「交換」是職場關係的基礎

在職場中謀求財富的過程，實質上就是「賣」自己的過程。有些人出賣腦力，有些人出賣體力。而職場中的人際關係，也是在這樣的「買賣」基礎上日益牢固的。

職場中的人際關係可以簡單歸結為兩種，一種是上下級關係，一種是平行關係。為了更好地說明問題，我把這兩種關係概括成「買賣」和「交換」。

有些年輕人在面試的時候會主動跟HR提出：「只要能給我一個機會，我可以不要薪水。」這是一種積極的態度，表明自己努力上進的決心。可事實上，這恰恰是一種不成熟的表現，說明他尚未認識到職場的本質。

經濟學認為，勞動力是一種商品。我們去企業求職，就是為了把自己的勞動力賣給他們。既然勞動力是商品，就要有「使用價值」和「交換價值」。你的是使用價值是「能為企業做什麼」，你的交換價值，就是企業付給你的報酬，即薪水福利等等。你能做多少事，企業給你開多高的價。那些「打工皇帝」之類的成功人士，就是「使用價值」大、賣出「好價格」的勞動力商品。

在職場中，你的上下級關係就是建立在這樣一種「買賣」基礎之上的。認清這一點非常重要。你要為上級做事，成為上級的大腦和手臂，他才願意給你更多薪水和更高職位。說得露骨一些，你把自己「賣」給上級為他所用，他才能放心提拔重用你。

當然了，等你成為「上級」，有了選拔下屬的職權時，你也會自覺尊重這樣的職場規律。一個沒有特長的人肯定入不了你的法眼，處處跟你對著幹不聽你差遣的人，你斷不會留他在身邊太久。

相對來說，職場中的平級關係更多是建立在「交換」的基礎上。最基本的是同事間的禮尚往來。你幫他請個假，他幫你帶話；你幫他分擔一些工作，他幫你美言幾句……這樣互相幫襯，同事關係就能初步實現和諧。

若是想追求更高一級的平級關係，那就需要花些心思了。

按照馬斯洛需求層次理論，需要解決衣食住行等需求，此外還要有安全感、歸屬感、被尊重感和自我實現等。這些都可以在同事的「交換」中得到。

舉個最常見的例子，張三對李四講一個「祕密」，如果李四交換一個「祕密」出來，張三就會覺得跟李四在一起有安全感了，因為他們是「一根繩子上的螞蚱」，無形中就找到了歸屬感。

在水泊梁山上，每一個入夥的好漢都得有一份「投名狀」才能在山寨站穩腳跟。或者去搶一筆錢財，或者去殺一個人，就能以該組織認可的行為表示忠心，和山寨的兄弟們打成一片了。否則，你很難在團隊裡有一席之地。

職場裡也是這樣，平級關係需要時不時「交換」才能得以維繫。這樣就不難理解，老闆把你叫進辦公室之後，別人為什麼會眼巴巴看著接下來會發生什麼事。如果你出來之後一個字都不透漏，肯定被大家排斥，最好說出一點點，只要不涉及要害就可以了。這樣一來，上下級關係和平級關係都照顧到，也就安全了。

對看不慣的人要敬而遠之

職場中總會有人讓你看著不順眼，敬而遠之就好了，千萬不要明明白白掛在臉上，更不要主動去招惹，那樣就等於自找麻煩。

每次提到同事阿泰，志明就會用一句話形容：「看到他就覺得不爽！」阿泰外形還不錯，屬於陽光男孩，可是只要跟他共事的人都會有一種感覺，這個人表裡不如一。他擅長當面一套背面一套，剛剛與你同仇敵愾一起罵老闆，轉身就跑到老闆身邊打小報告。

志明剛到這個辦公室時，並不瞭解阿泰的為人，吃過不少他的虧，所以一直耿耿於懷。

事實上，幾乎每個辦公室都有這種「公敵」型人物，輕而易舉就能贏得別人的厭惡。

「假如你很不幸地跟這樣的人打交道，建議你眼不見為淨，儘量躲著他。千萬別去扮演唐吉訶德的角色，跟風車作戰，最後人仰馬翻的肯定是你。」這是志明跟阿泰過招之後用血淚總結出的教訓。

一開始，志明想教訓一下阿泰。他仗著自己一流大學畢業，又有兩年職場經驗和出色的業績表現，堅信自己能夠把阿泰比下去。於是，他處處跟阿泰對著幹。

在一次可行性方案討論會上，志明對別人的方案都不做表態，唯獨在阿泰開口時便提出反對意見，並羅列出一些不可能因素，讓阿泰的「才疏學淺」暴露無遺。

當看到阿泰臉上掛著窘迫的表情時，志明非常得意。

沒過幾天，辦公室來了新同事，是個剛畢業的大學生。阿泰把他領到志明身邊說：「他是新人，完全沒有工作經驗，你帶一帶吧。」

帶新人一向都是阿泰的事，志明覺得他是故意把麻煩推給自己。於是攤開雙手對阿泰說：「我的任務實在太多了，而且我也進公司不久，對部門情況不熟悉，新人還是煩勞你帶吧。」

沒想到，那個新人是部門老闆的外甥。志明不僅失去了一個跟老闆靠近的絕好機會，還給老闆的身邊人留下了一個非常「惡劣」的印象。

志明的教訓給廣大職場人上了很好的一課：不要去主動招惹那些你看不慣的人。想想看，他那麼「討厭」，卻能在辦公室裡長久立足，說明他有一套獨特的生存技巧。你與他直接發生衝突，簡直就是自討苦吃。

「小不忍則亂大謀」、「難得糊塗」、「退一步海闊天空」，這些都是至理名言。在今天的職場裡，這些道理仍舊是「放之四海而皆準」。

換個角度看，你看不慣某人，會不會是自己的偏見所致呢？曾經有一段時間，我認為辦公室裡某個同事特別孤傲，總是對人不理不睬，所以很討厭他。後來才知道，他是做事太過投入，腦子裡除了手頭的工作，完全不想別的，所以臉上帶著「麻木」的表情。瞭解了實情之後，我反倒敬佩起他的專注來。

人是很感性的視覺動物，「看不慣」常常成為我們識別他人的非理性標準。有些人確實是「欠扁」型，我們惹不起躲得起，不要引發正面衝突。而有些人的「不順眼」，可能是你看他的角度有問題。

就像一個寓言故事裡說的那樣，一隻凶狠的狗站在鏡子面前，看到「另一隻」凶狠的狗朝自己示威。於是大叫不止，最後被鏡子裡的自己嚇死了。我們「看不慣」的人，會不會正是自己的影子呢？

在職場中，時不時檢討一下自己是很有必要的。不要總是奢望別人入你的「法眼」，你也要學著調整自己的眼光，去接納別人。

「關係」都是相互的，你凝視對方微笑時，換來的多半也是一張微笑的臉。

閉著嘴聽別人「碎碎念」

職場裡往往會有一些「嘴碎」的人，總是專注於那些芝麻綠豆的小事，絮絮叨叨說個沒完沒了。當你耐著性子把這些「碎碎念」消化一下，往往會驚嘆：原來這些都是書本上學不到的金玉良言！

回想我剛出社會工作的時候，曾經叫一位男性的部門經理「媽」。這樣戲稱，是因為他太碎碎念了，每次見到我都會「雞婆」一番，大事小事都嘮叨一下，好像我什麼都不懂似的。因此，我開玩笑叫他「媽」。

他呵呵一笑了事，並不生氣，照舊對著我和其他幾位新人扮演「唐僧」。

現在回憶起來，我真的是遇到貴人了。這麼放肆居然沒有被打壓。

如果細心觀察，辦公室裡總會有一些前輩級別的人物，習慣對其他人指指點點、品頭論足。前輩說的多半是別人的缺點，什麼打字速度慢啦，對人稱呼太隨意啦，服裝不夠職業啦，工作時間開小差啦……永不停息的嘮叨讓人耳膜生疼。

然而，恰恰是這些人，「潤物細無聲」般影響著你，薰陶著你，讓你從一個「很傻很天真」的菜鳥變成一個成熟的職場人。你的小毛病在他的耳提面命中逐漸消失了，你不切實際的華麗幻想經他糾正之後變成了腳踏實地的職業規劃。

多年之後，你很想對他說聲謝謝，可是驀然回首，他已經不是你的同事了。

我的朋友陳佳雯大學畢業後進入一家研究所任職，同事當中有一位周博士，總是絮絮叨叨說個沒完沒了。誰遲到了五分鐘，誰的辦公桌沒有打掃乾淨，他都一清二楚。不僅如此，他還十分擅長用「顯微鏡」來給人挑毛病。

陳佳雯進公司沒兩天，周博士就開始給她「上課」，「你這篇論文摘要有問題呀，你自己看看，標點符號用錯了多少？如果拿給所長看，他對你會是什麼印象？標點符號跟漢字一樣，是我們從小到大都在學的東西，一定要規範……」周博士說個沒完。

陳佳雯有個好脾氣，一直耐著性子聽完。

周博士走後，旁邊的同事小聲對陳佳雯說：「他就愛教訓新人，有你受的了！」陳佳雯笑笑沒說話。她認真查看了自己那篇論文摘要，發現確實有很多粗心造成的錯誤。認真修改後，她給周博士發了封簡訊表示感謝。

從那天起，周博士的碎碎念就如滔滔江水一般無休無止朝陳佳雯湧來，他教陳佳雯如何申請研究專題，還給陳佳雯分析了研究所裡各種人際關係，避免她無意中捲入「派系」鬥爭。

陳佳雯在日後的工作中如魚得水，很大程度上都是周博士的「碎碎念」幫了忙。

我們在年輕的時候通常會犯自我膨脹的毛病，很難容忍別人給自己挑毛病，也受不了婆婆媽媽的碎碎念。然而，恰恰是這些苦心、好心教會我們很多東西。

有一些心高氣傲的年輕人，遇到「碎碎念」時非但不能虛心接受，還會惱羞成怒要對方 shut up，傷了對方不說，還讓自己丟掉了進步的機會。

切記，不管是上司，還是同事，願意向你「碎碎念」的，絕對是你的職場貴人，你一定要睜大眼睛伸長耳朵在他那裡取經。有人說學問是教授的煙斗熏出來的，那麼職場經驗就是在同事的碎碎念中吸收到的。

參與議論，或者等著被議論

如果不參加議論，那麼你將成為下一個被議論的對象。這是人們缺少安全感時自覺採取的一種以攻為守的方法。為了避免成為組織中的另類，也應該參與進來，說上幾句。

在黑幫故事裡，我們經常見到這樣的畫面：老大宣佈幹掉一個人，然後對身邊的人使眼色，大家群起而攻之，頃刻間就要了那個人的性命。倘若這個時候有人猶豫不敢上前，他就會成為下一個被幹掉的對象。

一起做一百件好事，不如一起做一件壞事——最牢固的關係是這樣達成的。

道理是相通的，我們不妨將目光轉移到職場上來。

銷售團隊簽下一筆大單，經理分別把幾個裝了回扣的信封塞給團隊成員，大家心照不宣，點頭說「謝謝」。新來的銷售員卻不敢伸手去接，經理笑呵呵說：「拿著吧，這是你應得的。」新人左顧右盼，終於把紅包放進了口袋。

從這一刻開始，這個新人接受了這個團隊的「潛規則」，才算真正融入了這個團隊。從此之後，他總能在團隊裡分一杯羹，當然，也就擔了一份風險。如若某天回扣的事被查出來，他要跟大家一起受到懲罰，甚至被當成代罪羔羊。

大到回扣，小到壞話，在職場裡，你總是要跟某「一夥」人湊到一起，做一件不太過分的「壞事」。否則，大家會認為你有問題。

在一家公司的銷售部，孫、田兩位大區經理為銷售總監的位置爭破了頭。

某天下班之後，孫經理帶著自己的團隊出去喝酒唱歌。席間，團隊成員都發表了對田經理團隊的不滿，以及對田經理本人的看法，只有銘晨默不作聲。

銘晨加入團隊時間不長，已經知道孫、田兩位經理之間的矛盾。但是他覺得，兩位經理應該公平競爭，不應該在下屬面前帶頭搞分裂，這樣影響不好。所以，在其他同事叫囂著要幫孫經理「搶」到總監位置的時候，銘晨悶悶不樂地坐在一旁。孫經理看在眼裡，並不作聲。

第二天，孫經理的副手找銘晨談話，委婉地問他對孫經理有什麼意見。銘晨很惶恐，說沒有。副經理用「過來人」的身分，旁敲側擊給他講了講辦公室派系鬥爭的道理，總算讓這個年輕人稍稍開了竅。

從那之後，銘晨明白了，大家爭先恐後地「表決心」，並不一定就是對田經理有什麼深仇大恨，那不過是一種「認同組織」的表現罷了。

從這之後，銘晨學「乖」了，大家說什麼，他就隨大家說幾句，不涉及敏感話題，不觸犯原則底線，不做人身攻擊，只是就事論事。他意識到，如果自己不去議論別人，就會成為別人議論的話題。

某辦公室員工寫了一封聯名信向老闆提意見，署名的時候，誰都不願意把自己的名字寫在第一位。

一個聰明人想出瞭解決辦法，他用圓規在聯名信末尾畫了個圓，然後大家沿著這個圓形軌跡依次把自己的名字寫上去。

這樣一來，老闆看不出頭也看不出尾，根本查不出「首犯」是誰。

由此可見，不痛不癢地參與，是職場人自保的一個重要法寶。因為發起人不是你，聲音最大的不是你，用詞犀利的也不是你，所以，你是安全的。

私事不要在辦公室裡談

辦公室是工作的地方，不是聊家常的地方。不管你和身邊的同事關係有多好，也不要在辦公室裡說私事，否則會造成不好的影響。

即便身在職場，同事之間的關係也相對很「私人」。很多人都願意把自己的私事跟同事說一說，大到婚喪嫁娶、生兒育女，小到銀行利息、股票漲跌。其實，這些私人話題在食堂、茶水間裡聊幾句並沒有什麼大礙，但最好不要在辦公室裡說。

辦公室是工作的地方，並且人多嘴雜，你的家常話放到這裡，就會成為所有人的話題。如果其他部門的人偶爾來到你所在的辦公室，聽到你談論私事，說不定就會傳到外面去。

即便你不怕被傳出去，也會給別人留下一個壞印象，別人會覺得你不專注、不敬業，工作時間聊家常，用私事占據工作時間。如果有人在老闆面前告你一狀，你真是百口莫辯了。

28歲的夏文馨在一家設計公司擔任平面設計師，單身未嫁，她的婚戀問題常常成為同事們談論的焦點。

某天，部門的Lily給她介紹了一位男士，夏文馨決定下班後去見一面。

第二天一早，這件事自然就成了焦點話題。Lily追根究柢，引得其他同事也過來湊熱鬧。正聊得興起，公司老闆過來視察，幾個人居然都沒有注意到。

老闆氣得大喊一聲：「嫁人算了，別來上班了！」

夏文馨這才意識到問題的嚴重性，害得她之後的幾個星期都不敢再提相親這件事。

身為雜誌社美編的Daniel也有過類似的經歷。

某天，Daniel正在電腦上用Photoshop修改圖片，MSN上傳來文字編輯Tom的消息。兩個人關係不錯，Tom請Daniel幫忙處理幾張照片，說是她女友要用這些照片參加一個攝影比賽。

兩個人正聊著，主編剛好從 Daniel 身邊經過，發現他在聊天，臉色就變得難看了。主編問他下一期雜誌的插圖處理好沒有，Daniel 說還沒有。這下點燃了導火索，主編勃然大怒：「年輕人，手頭工作做不好，忙著聊天，你就是這樣工作的嗎？你還不如趁早離開，把這個位置留給真正熱愛工作的人！」

夏文馨和 Daniel 犯的錯誤一樣，都是在「辦公」的地方涉及了私事。我們前面說過，職場充滿「人情味」，但是這種偏重感性色彩的關係越來越不受「資本家」們的喜愛。他們希望自己的員工多幹活少拿錢，在薪水「買」來的八小時裡充分利用時間做事，而不是做與工作無關的事。

換位思考一下，假設你是老闆，你手下的人該工作的時候處理私事、聊家常，你不生氣嗎？

所以，那些想在職場中有所做為的人，都應該管好自己的嘴巴。如果你的私事實在迫在眉睫，讓你無法工作，可以直接跟上司說，請求他的幫助，或者請假。

抱怨只會惹人討厭

人在年輕的時候往往會有諸多抱怨，動輒將一件具體的小事升級到體制層面加以批判和駁斥。這種「憤青」的姿態在職場中是不受歡迎的。與其花費力氣去「憤」，倒不如集中精力去「奮」，用實際行動去改變你所期望改變的。

很多職場新人都會有「憤世嫉俗」的心理，恨命薄，恨資源太少，恨貧富差距……甚至有的年輕人在求職面試的時候都帶著憤怒青年的姿態說：「你們不用我是你們的損失！」

我曾經遇到過這樣的求職者。我問他：「你為什麼來我們這裡工作？」他說：「我投了很多履歷，他們都不要我，你讓我來面試，我就來了。」

我繼續問：「如果給你工作機會，你能夠為公司做些什麼呢？」他說：「我覺得我什麼都能做。」

我又問：「既然如此，那些公司為什麼沒有錄用你呢？」他回答：「我覺得憑我的履歷，應徵一個行銷人員的職位是不成問題的，但是他們看不起我，就是不給我機會。」

我覺得沒有必要問下去了。坐在我面前的，是一個狂妄自大又憤世嫉俗的人。這樣的人只知道抱怨，卻從來不知道從自己身上找原因。

社會上，喜歡抱怨的人簡直是太多了。他們慣於對一些不公正的現象進行指責和批判，以揭露社會陰暗面為榮，以苟且偷生為恥。

但職場不歡迎「抱怨」，因為抱怨會傷害周圍同事的感情，破壞辦公室裡的工作氣氛，把原本積極的團隊弄得消極頹廢。這樣的人當然不會受到老闆和同事的青睞。

郁潔愛抱怨，在公司裡是出了名的。

「憑什麼她的工作清閒，我每天要累死累活的？」、「公司的破電腦又當機了，讓人怎麼工作啊？」、「給那麼短的時間完成一份報告，今晚又得熬夜了。」……暗地裡，同事們都將她戲稱為「問題女人」，不是因為她愛發問，而是她總是抱怨不斷。

其實，郁潔的工作能力還是很強的，從「用生不如用熟」的角度來說，老闆將她留在公司還是有道理的。可是兩年下來，郁潔從未得到任何提拔，薪水幾乎沒變，而與她同期進入公司的「緘默者」們，卻早已有了不同程度的發展。如此一來，更是加重了她的不滿情緒，每天都會嘮叨個不停，讓所有的同事都倍感厭煩。

對於職場人來說，與其把時間花在抱怨上，不如靜下心來做點實事。牢騷沒有用，憤怒沒有用，既然走進了社會這個光怪陸離的競技場，你就得接受它所有的好與壞。

有一幅漫畫，畫的是幾個富人的孩子和窮人的孩子站在不同的起跑線上，富人的孩子輕而易舉就可以住豪宅開好車，窮人的孩子卻被高房價和高物價壓得喘不過氣來。不幸的是，窮人總是占大多數。

這就是現實，我們得接受。

接受之後，就要改變，將自己的抱怨轉化為努力奮鬥的勇氣。

「奮」的本意是一隻鳥從田地的上方飛過。也許，在初入社會的幾年當中，你一直寄人籬下，做著最基層、最不起眼的工作。而你暫時「苟且」，只是為了等待羽翼豐滿、時機成熟的那一天。

在溝通交流中獲益

說與不說，差別是很大的。「一切盡在不言中」是婉約派詩人的做法，卻不是職場人應有的表現。在職場的溝通交流中，一個意思表達不清就可能造成誤解，一個誤解埋下，就會衍生出無窮無盡的誤解。所以，我們要多溝通多交流，解除猜疑，收穫效益。

「該聊的時候不說話，不給聊的時候也要偷偷聊，這些人真是無藥可救！」做部門主管的朋友總是這樣抱怨他手下的員工。

「該聊的時候」，指的是部門例會和單獨談話時間。「不該聊的時候」，指的是占用工作時間在MSN上閒聊，或者用電子郵件轉發一些和工作不相干的資訊。

朋友說：「現在的年輕人太難管了，你讓他談談工作感想，他一個字都說不出來，還傻笑。一回到自己的座位，立刻成了話匣子。」

我很理解這位朋友的心情，現在的人，或多或少都患有「選擇性失語症」。和熟悉的朋友在一起，會沒完沒了說個不停。若是跟對方沒有共同語言，一個字都不會多說。相信很多人在老闆面前都會「選擇性失語」，在同事面前會覺得「沒有話題」。這樣一來，恰恰失去了一個重要的溝通交流機會。

職場中的溝通交流十分重要，概括起來有以下幾點：

1.獲取資訊。這一點很容易理解。我們不能單純依賴書本或者網路獲得所有資訊，尤其是跟工作相關的。多與身邊的同事交流溝通，你能打聽到很多「內部消息」。

2.增進理解。職場中的關係不存在「一見鍾情」，你不能憑直覺判斷孰好孰壞，必須在長期的溝通交流中不斷認識對方的優點和缺點。想想看，你每天有二十四小時，要工作八小時，要加班，就要花三分之一以上的時間跟同事們相處。如果彼此之間沒有交流，不能清楚地摸準對方的性情脾氣，豈不是活得太過迷糊？

3.提升口才。有些人不喜歡溝通交流是因為「嘴笨」。其實，提升口才的最好方法不是去參加「口才訓練營」，也不是跟著錄影帶背誦電影對白，而是面對面大膽與人交流。也許最初你不知道說些什麼，也不知道怎麼說，但是你強迫自己「沒話找話」，時間長了就知道怎麼開口說話了。

很多人誤以為只有銷售人員才是靠「嘴」吃飯的，其實不然，若是你有「嘴」，很多飯都是可以吃的。

王欽耀一直想做總裁助理，苦於資歷不足，人力資源公司不願為他牽線搭橋，自己去求職也屢屢碰壁。

某次，他去一個辦公大樓辦事，剛好看到一間總裁辦公室在裝修，寫有「厚德載物」的字畫被裝裱起來，掛到雪白的牆壁上。

他在旁邊看了一陣子，連連稱讚「好字」，順便就跟旁邊一個戴眼鏡的中年人攀談了幾句。二人從書法說開去，最後談到這家公司的經營方向。沒想到，王欽耀的見解對方很欣賞，那個戴眼鏡的人恰好是這家公司的總裁。

就這樣，不經意的「邂逅」和「交流」就讓王欽耀實現了總裁助理的職業夢想。

隨著網路的普及，越來越多的年輕人選擇「宅」生活，足不出戶，不與人交流，寄生在網路上。很多人甚至把「宅」的態度帶到職場中，守著自己的一方自成一統，幾乎是自我封閉。

這麼做就是自動放棄了與人交流溝通的機會，也就很難建立良好的職場人際關係。我建議有這種傾向的職場人儘早意識到自己的「病症」，多去茶水間跟同事說說話，用語言代替鍵盤，用真實的人際脈絡代替虛擬的網路空間。

不要缺席公司的團體活動

職場人去KTV不是目的，職場人的高爾夫也不是目的，這些團體活動都是實現目的的手段。透過這些五花八門的活動增進感情，加強親密度，共事才會更默契，談判才會占先機。

不知你有沒有發現，某些同事會有幾首屬於自己的「保留曲目」。部門聚會K歌的時候，他總是唱那幾首。也許唱得不好，甚至走音，但是他一定會唱。

還有一些同事，嚴重的五音不全，但是絲毫不影響他歌唱的雅致，甚至有「把自己的快樂建立在別人痛苦之上」的嫌疑。

這些人真的是為了唱歌嗎？當然不是。他們是為了讓自己有更好的人際關係。

我見到過一些剛剛進公司的新人，初來乍到，不好意思參加聚會，尤其是K歌、排球賽等需要「大顯身手」的活動，他們更是不願意加入進來。

這在無形中就犯了職場人際關係的大忌。

聰明的職場人深諳聚會之道，他們不惜花費大把時間、金錢和精力去參加牌局、酒局、球賽、派對，因為這些都是維繫商務關係和人脈網路的大好機會。

你以為老闆組織員工進行素質拓展訓練，僅僅是為了讓你「玩」、讓你「強身健體」嗎？當然不是。員工在這種活動中可以一起流汗、一同協作，甚至在活動結束後一起「沐浴更衣」，這就是最好的「坦誠相見」和「肝膽相照」。逃避這樣的聚會和集體活動，無異於「自絕於人民」。

想像一下，當你在工作中遇到困難，你可以向兩個人尋求幫助，一個是曾經與你一同汗流浹背打球的隊友，一個是只有點頭之交的普通同事，你會找誰？誰更可能會幫助你？當然是前者。團體活動的作用，這時就顯現出來了。看卡通《蠟筆小新》的時候，小新家還有三十幾年的房屋貸款要還，但是小新的爸爸從來不放棄跟同事一起打高爾夫這種「奢侈」運動。為什麼？就為了改善和增進人際關係。

職場中有兩種人，一種是拼命工作渴望靠業績贏得老闆賞識的人，稱之為A。另一種是工作不那麼拼命，但是花費很多時間精力去結交朋友的人，稱之為B。

會議要舉行兩天，地點在某酒店。第一天會議結束之後，A和同事們用完餐，早早回到自己的房間，打開電腦，對這一天的會議進行總結，並認真準備好第二天會議的資料。B則不然，他跟與會上司以及其他同事一起跳舞、喝酒、打桌球，玩到凌晨一點才醉醺醺地回到房間，倒頭就睡。

第二天開會時，A容光煥發，B則精神不濟。然而，不管A再怎麼積極發言、據理力爭，老闆似乎都對B的發言更感興趣。

這就是A類人最痛恨的事，卻在職場中屢見不鮮。

現在你該明白了吧，很多工作，不是在「工作時間」完成的，而是在八小時之外的聚會、集體活動中「探討」出來的。這就是為什麼很多人下班之後忙於應酬的緣故。一些非正式場合的「閒聊」比正式場合的會議還重要。會議上的言論都是官方的、表面的，聚會中的聆聽、攀談和關係維繫才是最實質的東西。

不管你多麼不喜歡聚會，多麼厭倦集體活動，都不要輕易棄權，更不要表現出不耐煩。倒不如把自己當做演員，表現出很願意參與的樣子，說不定你會獲益多多呢。

向高層次的人際圈子靠近

人脈關係和交友圈子都是有層次的，這不是功利心作怪，而是事實。尊重這個事實，你才能更好地為自己的社交定位。

有一個做律師的朋友問我：「你知道怎樣才能迅速成長為一個好律師嗎？」

我想當然地回答說：「學好法律條款，多看經典案例啊。」

他說不對。

我又猜：「多打官司，在實戰中學習。」

他說：「有一點點接近了，但還是不夠好。」

我不再猜，請他明示。

他說：「最好的方法就是，跟一位很老練很『奸詐』的律師交鋒，跟他『吵』幾次，被他狠狠『騙』幾次。這是一個『菜鳥』律師迅速成熟的祕訣。」

原來如此！

跟高手過招，不但能夠學到知識，還能提升自己的知名度，即便敗在他的面前，說出去也是很光彩、很有面子的事。

更有趣的是，如果你輸得夠水準，說不定對手還會誇你「勇氣可嘉」，從此你就美名遠播了。

這位律師朋友的話讓我感悟頗多。何止是律師行業，這簡直是各個行業都通行的準則嘛。我們下棋、打球，都渴望跟高手切磋，讓自己成長。我們在職場中奮鬥，更是希望能力強的同行做自己的良師益友。

被一萬個水準相當的人肯定和誇讚，你的水準不會得到任何提高。被一個高出你許多的人肯定和誇讚，說明你提高了，而且還有更高的提升空間。

不管你是做哪一行，在拓展人脈、擴張朋友數量的同時，都不要忘記審視人際關係的「品質」。很現實地說，朋友是有不同檔次的。五個手指頭伸出來都不一樣長，我們更是沒法要求所有朋友水準都一樣。在職場中，我們既要保持與平級同事的良好關係，又要努力結交「高層次」的朋友。

和「高層次」的人交朋友，深入到他們的圈子裡，你能夠在第一時間掌握第一手情報。他們掌握更多的財富，占有更廣的人脈資源，能夠在你追逐野心的路上起到「助燃劑」的作用。

由於虛榮心作怪，很多人更喜歡結交「不如」自己的人，在這些人的身上找到心理優勢。短期來看，這樣做會讓你過得很「舒服」。可是從長遠看，你會越陷越深，掉進一個「怪圈」，變得跟那些「不如」你的人越來越像，到了最後你甚至連原來的自己都不如。

這絕不是危言聳聽。

孔子說：「與善人居，如入芝蘭之室，久而不聞其香，即與之化矣。與不善人居，如入鮑魚之肆，久而不聞其臭，亦與之化矣。」你的交際網路就像你所置身的環境，在「芝蘭之室」久了，你身上浸滿香氣；在「鮑魚之肆」久了，身上會有腥臭味。

請回想一下，你周圍都是什麼人？跟你搭訕的又是什麼人？如果你對職場有足夠的野心，那麼，一定要審視自己的人緣層次。

心隨菁英想，口隨大眾說

學習菁英的思考方法，說話辦事卻要運用大眾能夠接受的方式，否則，再高明的決策也可能因為脫離大眾而導致失敗。

「心隨菁英想，口隨大眾說」是很常見的一句話，也很容易懂。簡單解釋，就是學習菁英的思考方法，看他是怎麼看待問題、分析問題的，主要側重思路；在說話辦事方面要學習大眾，用最普通的語言跟人交談，用最主流的方法去做事情，主要側重行動。

換句話說，我們要像菁英一樣思考，像大眾一樣行動。

別笑，很多年輕人是不明白這句話的分量的。特別是剛剛走出象牙塔的學生們，讀了很多「菁英理論」，就把自己當做天之驕子，幻想用自己習慣的方式去解讀這個世界、改變這個世界。

這樣理想主義的年輕人就是「小眾」，跟「大眾」是有距離感的。進入職場之後，每個人都要學著「世俗」一些，拋棄那種不食人間煙火的書卷氣，「多研究些問題，少談些主義」。

職場中遇到的問題都是實實在在的，我們沒有辦法套用某位菁英的理論直接去解決它，必須結合「大眾」在日常實踐中累積出的經驗，找出獨特的解決方法。

孟學慶所學的專攻是電影編導，畢業之後進了一家電影公司，渴望在專業方向上有所作為。但是進公司之後，他被分配到一位編劇身邊做助理，工作性質跟「編導」差別很大。

更讓孟學慶鬱悶的是，那位編劇雖然作品豐碩，卻不是「科班出身」，沒有系統學習過與電影相關的理論知識，完全憑自己的摸索出道。這讓孟學慶頗有一些不服。

於是，他時不時就在編劇的面前賣弄幾個「專業名詞」出來，各種「主義」和各種「流派」也源源不斷地從他嘴裡「蹦」出來。每到這時，編劇總是面帶微笑聽他「補課」。孟學慶並沒有意識到這是前輩在包容自己，反倒覺得前輩被自己的「淵博」折服了。

他還自鳴得意，把這件事跟其他同事分享。過了三個月，孟學慶接到了老闆的辭退通知，原因是他的理論和實踐嚴重脫節。孟學慶無論如何也想不到，自己深厚的科班功底反倒成為了職場的「絆腳石」。那位編劇是「大眾」出身，即便缺少「菁英」理論的鋪墊，也有豐富的實戰經驗做基礎，怎麼也輪不到一個「小屁孩」給他上課。孟學慶沒有意識到自己的淺薄，還得意洋洋，當然要吃苦頭了。

除此之外，「心隨菁英想，口隨大眾說」還有另外一重含義。

大多數職場人都是有自己的「精神追求」的，誰也不想做一個賺錢機器。工作之外，你可以有任何一種「怪癖」、「怪才」、「非主流」的思想，你可以天馬行空、見解獨特。但是到了工作場合，最好還是跟大家多一些「共同語言」和「共同話題」。

巧妙利用「不知道」

「不知道」這三個字是職場法寶，可以用來自我保護、為自己開脫。但是這三個字一定要慎用，否則就會讓對方覺得你不靠譜。

菁菁畢業於一流學府，隨後進入一家知名的國際IT公司工作，為部門的大老闆做助理。在她看來，工作並不難，無非就是製作各種表格。讓菁菁感到奇怪的是，她的好幾任「前任」都做不好這項簡單的工作。

老闆誇她說：「菁菁，你真不愧是一流學府的高材生，工作做得又快又好。」被老闆這樣一誇，菁菁感到格外興奮。

一轉眼，菁菁就做了整整一年「表妹」——製作表格的妹妹。等到有新人進來，她晉升為「表姐」，帶著更年輕的新人做表格。

同學聚會的時候，大家談起自己的工作，菁菁驚訝於自己的「穩定」。這一年的時間裡，她除了 excel 表格的製作技術更加熟練之外，似乎沒有其他的長進。

菁菁驚覺自己「被騙」了！

原來，她的那些「前任」不是「不知道」如何使用 excel，而是不屑於做這種枯燥無聊沒有技術含量的工作，藉口「不知道」開溜了，只有菁菁傻乎乎地埋頭苦幹。

認識到問題的重要性之後，菁菁鼓足勇氣找老闆談判，終於爭取到了更有挑戰性也更有前途的工作，把「表妹」的接力棒成功交給新人。

這就是職場中「不知道」的妙用了。

很多時候，我們是需要「裝傻」的。說「不知道」，不一定是真不知道，而是為了給自己找一個「開溜」的藉口。

在學校接受教育時，老師總鼓勵我們大膽舉手發言，知道了就說出來。可是到了職場，很多時候你要懂得用「不知道」來保護自己。

我有一位「生猛」的學長，就是因為不懂得「不知道」的妙用，吃了大苦頭。

他出任某教研組的副組長，校長要他輔助組長完成一次重要的教學改革。

學長向組長請教改革的方法和步驟，組長一問三不知，全部推給他。於是，學長花了大把的時間和精力寫計畫書，把所有的工作都落實到位。結果，那位組長全盤照搬，拿到上司那裡邀功請賞。

學長不是第一次被搶了功勞，他原本想嚥下這口氣。可是，後來他才知道，事情並不是「爭功」這麼簡單。組長之前的改革計畫被校方否定了，組長一直在賭氣消極怠工。學長不知情，到了這裡就動手開幹，把組長的計畫全盤打亂。學長在上司那裡沒有得到表揚，在組長面前又萬分尷尬，弄的兩頭都不是人。

如果學長再聰明一些，事先多與組長溝通，或者多瞭解下整件事的始末，就不會這樣費力不討好了。

在職場中，「不知道」通常被用作緩兵之計，為自己留出充裕的時間做準備、想對策。遇到以下情況，你可以運用「不知道」來保護自己。

1.責任重大。當事發緊急又責任重大時，你不要擅自攬責，要說「不知道」，儘量往上司那裡推一推。

2.事發蹊蹺。如果你覺得某件事很可疑，比如有陌生人直接要你老闆的私人電話，你當然要說「不知道」，這是保護老闆，更是保護你自己。

3.費力不討好。就像菁菁遇到的那種情況，交給你的任務對你沒有任何益處，你乾脆裝傻說「不知道」、「不懂」，藉故逃脫。

4.恭維對方。在某些喜歡「故作高深」的人面前，裝得「無知」一些，鼓勵他多發表意見，他會很得意的——特別是某些上司面前哦。

總之，「不知道」三個字大有學問，掌握了其中的要訣，就可以讓自己少做無謂的犧牲，集中精力做更重要的事。

第四章

聰明做事

「職場圓規」先立足再發展

羅斯福說過：「我從來不去想做一件事情會帶來什麼樣的好處。我的人生原則就是：做好手邊的工作，其他的一概不想。」

聰明的職場人也是如此，他會把該做的事情用心思做到最好，將自己全部的潛能都發揮出來。而那些做事馬馬虎虎、敷衍了事的人，即便人際關係處理得再好，也不會被重用。

為人負責，工作用心，認真對待每一個細節、每一個步驟，才能在職場中博得頭彩。

立足本職工作，再去長袖善舞

在職場中，決定一個人升遷和命運的，是他所做出的業績。業績是實實在在的東西，做了多少，做得如何，別人都看得清清楚楚。這是「職場圓規」的「根」。

現在有很多書都在傳授各種「經驗」，讓職場新人迅速蛻變成「江湖高手」，實現職場成功夢。但是，職場人一定不能忘記這個前提：先立足本職工作，再去長袖善舞。就像前面講過的，你把自己的勞動力賣給老闆，老闆是用金錢來購買你的使用價值的。你至少要紮紮實實做好本職工作，然後再追求更高層次的發展。千萬不要顧此失彼，盲目冒進，最後揠苗助長害了自己。

劉博文剛剛從一線銷售員提升為區經理的時候，非常不適應，找不到自己的位置。他覺得，自己終於不用整天出去「跑」了，可以鬆口氣了。

於是，他一直緊張的神經開始鬆懈下來，不再關注銷售業績，而是把注意力轉移到人際交往上面。

最終，在團隊業績大幅下滑的時候，大區經理找到劉博文，對他提出了嚴厲的批評。大區經理說：「當初提拔你上來，是看中你的業務能力，你應該把自己做業務的技巧傳授給下面的人，當好『老師』的角色。你雖然升職了，卻是「新官上任」，有很多東西要學，所承擔的銷售任務也會更重，難道你連這個道理都不明白嗎？」

一句話驚醒夢中人，劉博文意識到自己犯了嚴重的錯誤，沒有認清自己的職責所在，辜負了上司的信任和期望。糊塗，真是糊塗！

其實，很多人都跟劉博文一樣，急於成就更「大」的事業，而忽視眼前的本職工作。萬丈高樓平地起，職業的「高樓」同樣需要紮實的「地基」，那就是對本職工作精通，能夠做到獨當一面。

打一個比方，優秀的職場人就應該像圓規一樣，先「立足」，找準一個點，然後再慢慢丈量半徑，為自己畫出更大的「勢力範圍」。

那些「長袖善舞」的人，往往給人造成一種「沒什麼真本事」的假象，實際上，只要你跟他們接觸多了，就會發現他們對某一方面工作十分擅長。只不過最後走上管理層，不再負責具體事宜，好像「業務生疏」了似的。但是過硬的業務本領絕對是他們最初晉升的重量級籌碼。

沒有哪個老闆會喜歡工作馬馬虎虎、敷衍了事的員工。你再怎麼會「做人」，再怎麼善於搞人際關係，還是要有自己的「真本領」才行。

掌握任務的核心

接到任務不要急於動手去做，先要弄清楚它的核心在哪裡、關鍵點是什麼。然後攻其要害，就能用很少的力氣輕鬆將其搞定。

你一定遇到過這樣的同事：慢條斯理，不緊不慢，好像「不努力」，但是他總能按時完成任務，而且品質有保障。

你懷疑他偷懶了，他真沒有；你懷疑他是超人，他真不是。他的祕訣在哪裡？

我曾經就與這樣一位「高手」打過交道。

陳一曦每天都是按時上下班，很少有加班的情況出現，工作量跟我差不多，但是總能比我做得更快更好。

我偷偷跟他「比賽」，卻總是輸給他。

於是，我問陳一曦工作的祕訣，他說：「很簡單啊，你有沒有學過辯證法裡的主要矛盾次要矛盾和矛盾的主要方面和次要方面？」

他看我一臉迷惑的樣子，又補充道：「牽牛要牽牛鼻子。」

「哦。」我恍然大悟。

這句話是很容易理解的。把繁重的任務看成一頭「牛」，你只要找到它的「鼻子」在那裡，就可以輕而易舉地完成它。

如果你的工作性質是偏重「做事」，你就需要找到這件事最核心的部分，把它做對、做好，整件事就完成了一大半。這就是「矛盾主次方面」的學問所在。看似沒有頭緒不知道從何下手的任務，解決掉最難解決的那一部分，其他困難就迎刃而解了。

如果你的工作性質是偏重「做人」，要搞定各種關係，會涉及很多人，你就要想到「主次矛盾」這一層。你要弄清楚，在整個任務中，那些關係是最主要的，那些人是最主要的，誰與誰之間的矛盾決定事情的成敗走向。

我有一位朋友從一線銷售員做起，用三年時間做到大區經理的位置，晉升速度讓人驚嘆。銷售是憑業績說話的，沒有數位在那裡，吹得天花亂墜也沒用。他用自己特有的方式證明，「神話」確實存在。

其實，「神話」的修煉也是有祕笈的。最初做銷售員的時候，他總能超額完成任務，部門上司就開始關注他，讓他跟同事們分享「心得」。

他打了個比方說，在接到兩百萬銷售任務的時候，不去想這個任務有多難，而是考慮從哪裡能夠找到「大客戶」，一下子就把這兩百萬全部吃掉。這個任務中，核心部分是客戶胃口大小，小客戶幾十萬的單子，要做好幾次才能完成任務。若是能夠挖掘一個大客戶，一口吞下這枚「苦果」，他就可以提前「休息」了。

在其他銷售員苦苦尋找小客戶的時候，他重點找了幾家有實力的潛在大客戶，終於讓對方點頭了。

這樣的思路，看起來並不「難」，但是如果你不動腦筋，就想不到。我們強調職場人做事要用心，就是要這樣動腦筋想「關鍵」性的問題。牽牛要牽牛鼻子，完成工作任務要抓核心。

重視工作筆記和階段總結

書籍是人類進步的階梯，這個階梯是別人為你搭建的。還有一種進步階梯是自己修建的，那就是工作筆記。它記錄了你成長的點點滴滴，回顧這段歷程，你就像攀爬一段梯子，踩著那些幼稚、羸弱的過去，逐漸變得強大。

上學時老師叮囑我們做好課堂筆記，方便記憶和整理。這個方法到了職場中依舊可行。

工作筆記大致可以分為以下幾種：

第1種是「備忘錄」型，隨手記下上司交代的事情和臨時添加的任務。

有些人把這種「筆記」用便利貼代替，我並不贊同。便利貼雖然方便，卻很零散，容易丟失。這項工作完成了，你順手就把它丟了。若是日後有需要，想找回來，恐怕很難。

用筆記本就不會有這個擔憂，你只需按照日期找到對應的頁碼就行了。

有一次，部門老闆給我們集體開會，提到了一本書，建議我們都去看。我記在了筆記本上，另一位同事則隨手寫在便利貼上，並且貼到了電腦顯示器上。可是午飯之後回來，他的便利貼居然掉了，而且不知道丟到哪裡，只好跑到我這裡再問一遍。這雖然是小事，卻浪費時間，還給人留下很粗心的印象。

第2種是「日程表」型，把本週、下一週的工作安排都寫在筆記本上。

這樣做可以合理規劃時間，督促自己按時完成任務。看到本子上密密麻麻的日程安排，會有緊迫感，從而督促自己專注做事情。

第3種是「自我總結」型，我把它與「階段性總結」結合起來講。

有的職場專家研究表明，一名員工在同一公司同一崗位工作三年之後，往往會停滯不前，產生倦怠感。因為工作環境和同事都已經熟悉，工作也做得順手，於是喪失了繼續向前的鬥志，逐漸淪為最普通的一員。

如果你不想成為這樣的人，定期為自己做總結筆記就十分必要了。多數人的工作是常態的，每天不會有太大變化，只有留心記錄一點一滴，把它們進行認真對比，才能讓自己保持清醒和敏感，並伺機改變這種庸碌的狀態，爭取更好的發展。

當一天的工作結束之後，總結這一天的得失，哪怕只用短短五分鐘的時間自省一下。一週的工作結束了，再把這一週的狀態回顧一下，看看自己哪些地方是值得肯定的，哪裡做得不夠好。以此類推，每月總結，每季總結，每年總結……

利用自我總結的機會可以規劃自己的下一個目標，對自身而言是一個很好的鞭策和激勵。

在科技水準越來越發達的今天，手機、電腦都有方便快捷的「記錄」功能，可以隨手記下很多事情、吸收很多資訊。但我還是建議職場人為自己準備三個紙質筆記本，用筆認認真真做記錄，踏踏實實寫總結，這是一種態度，更是一種累積。當你靜下心面對自己的職場生活時，會有很多驚喜的發現。

製作一個「犯錯備忘錄」

犯錯不是錯，犯錯不改才是大錯特錯。職場人應該製作一本犯錯「備忘錄」，記下自己所犯的錯誤，用來不斷修正和反省自己。

我遇到過這樣一個送水工人，他永遠記不清門牌號碼。即便你清楚地告訴他：「請送一桶純淨水到1325室」，過了很久，你還是會接到他打過來的電話：「我去1235室了，沒人訂水呀？」我只好再次重複：「是1325室。」經過一番折騰，他終於把水送來了。可是，下一次叫水，他還是分不清1235和1325。犯了不止三次錯誤之後，我就再沒見到過他。代替他的工人說，他被老闆辭退了，因為一腦子「漿糊」。

我想，像這種小錯誤不斷的員工還有很多吧。

這種看似很小的過失，卻會造成惡劣的影響。次數多了，老闆就不會給你好臉色了，說不定什麼時候就被炒魷魚。

優秀的職場人不是不犯錯，而是在犯了錯之後用正確的態度對待自己犯的錯誤。犯錯不要緊，重要的是不犯同樣的錯誤。因此，要給自己製作一本「犯錯備忘錄」，把自己做的錯事、蠢事、糗事都記錄下來，把上司和同事對這些事情的看法也都整理記錄下來——不是為了打擊報復哦，而是為了「以史為鑒」，鞭策自己少犯錯。

有一年，我帶一個剛畢業的大學生做事。她很天真的樣子，凡事都要請示彙報，生怕自己犯錯。

我問她：「妳會游泳嗎？」

她說會。

我接著問：「妳是怎麼學會游泳的？」

「嗆了幾口水就學會了。」她答道。

我聽後笑著說：「這正是工作的真諦嘛。想學會游泳，必須嗆水；想做好工作，必須犯錯。」

就像小孩子學走路一樣，開始總是要扶著牆，或者拉著爸爸媽媽的手。但是，要想邁出獨立行走的第一步，跌倒是避免不了的。

我教那個大學生獨立工作，並且讓她準備一個小本子。如果犯錯就記在本子上，哪怕是說錯了一句話，都要記錄在冊。一個月後，她舉著本子驚喜地說：「我犯的錯誤越來越少了！」

一本「犯錯備忘錄」就像一面鏡子，時不時拿出來照照自己，看自己哪裡變「白」了，哪裡變「美」了。一個渴望變漂亮的美女，必須先客觀地看待鏡子中不夠漂亮的自己，然後採取措施，讓自己更完美。同樣，一個渴望成功的職場人，也要客觀對待自己在工作中犯的錯誤，對症下藥進行改變，使自己趨於成熟。

別讓同樣的錯誤出現在「備忘錄」的不同頁碼，那只能說明你溫習得不夠。時常拿出來看一看，提醒自己「我以前就犯過類似的錯誤，一定不能再犯了」，如此一來，上司對你翻白眼的機率便會大大降低。

做事遵循「及時」定律

如果你渴望成為一個優秀的職場人，就應該對「時間」有清醒的認識。只有做事「及時」，抓住關鍵的時間點，才能為自己贏得主動權。

地主家裡有兩個長工，一個急性子，一個慢性子。某天下大雨，河水暴漲，地主著急過河辦事，讓慢性子背他過河。慢性子說：「急什麼急，等河水退了再過。」急性子看不過，背著地主就過河。地主很高興，斷定急性子比慢性子辦事效率高，就把慢性子趕出了家門。

第二天，地主的小兒子不小心掉進井裡，危在旦夕。急性子果斷出手去救，可惜沒能搶回小少爺的命。地主悲痛欲絕，讓急性子去棺材鋪給小少爺買棺材。沒過多久，急性子拉了四口棺材回來了。地主驚問為什麼。急性子說：「反正老爺一家早晚都要死的，我就趁早把你們一家四口的棺材都買回來了。」地主氣得把他也趕走了。

這當然是個笑話，笑完之後我們需要反省一下，在職場裡，我們為老闆做事，是慢性子，還是急性子？慢性子的拖延症固然不招人待見，太過性急的人也會好心辦壞事。

職場裡最歡迎的是「及時」。不能太慢，也不能太快；不能太晚，也不能太早。老闆交代了事情，你要立刻行動。老闆還沒交代的事，你可以提前準備，卻不能冒然行動——說不定老闆另有安排。

不管是為上司服務還是為客戶服務，務必要趕在對方追問結果之前給他一個滿意的答覆，這樣才能表現出你的敬業精神和超強的執行能力。沒有人喜歡跟拖泥帶水的人合作，如果你能及時行動，高效地做事，就能搶先一步贏得對方的好感，在工作中就會占盡先機。

某醫療用品公司銷售部門的趙經理對做事及時就深有體會。

一次，趙經理得到上級指示要爭取一位大客戶。據可靠消息稱，自己公司的競爭對手也要拿下這個單子。一場爭奪客戶的硬仗不可避免地開始了。

接到任務後，趙經理不敢怠慢，立刻從銷售部召集了幾個他最信得過的部下，多方收集客戶的資料，制定計劃。他們加班加點一連準備了三天，終於找到突破口，摸透了客戶的想法。隨後，趙經理順藤摸瓜，很快就跟客戶建立了良好的關係，順利簽下了單子。

其實，趙經理的競爭對手早就開始準備談這筆生意了，但是他的年紀比較大了，又是剛剛從事業單位轉過來的，辦事風格上求穩不求快，做事拖拉，缺乏主動性。這才讓趙經理的團隊「有機可乘」，先下手為強，搶下了這筆大買賣。

我們可以這樣來解讀「及時」，做準備要充分，下手時雷厲風行。很多人接到任務之後不去迅速執行，而是一味的拖延，以致讓飽滿的熱情逐漸冷淡下去，行動結果也會大打折扣。

勤學不如巧學，巧學不如偷學

跟著企業培訓的步調學來的知識往往流於表面，只有自己一頭栽進實際工作中，跟同事前輩取經偷師，才能掌握真正的「潛規則」。

一般來說，在大中型企業裡會有相對完善的人才培養制度，你想學什麼，可以申請到相應的學習機會。但是這些課程往往在短期內又快又多地教完，大部分停留在理論表層。具體到工作中的方法，還是需要你自己不斷「偷師」，跟前輩們學習。

有句話說，「師父領進門，修行在個人」，只要你處處留心，可以「偷偷」學到很多培訓課上學不到的東西。

「偷師」是職場人最應該掌握的一項技能。很多知識沒有人主動教導你，全憑自己眼到、手到、心到來學習。那些職場前輩經歷過「大風大浪」，肚子裡有說不盡的經驗，腦袋裡有用不完的點子，但是他不會主動告訴別人。更何況，還有「教會徒弟餓死師父」之說。所以，做為職場晚輩，多留心眼，暗自觀察，多方取經，可以讓自己加速成長。

偷師學什麼呢？主要針對以下幾個方面：

1.學習本職工作相關的技能和方法，這個無需贅述。

2.理清自己所在的部門以及其他重要部門裡的人際關係脈絡，如總經理跟行銷部門總監是多年同窗情誼甚篤；你的上司則和財務主管之間有很深的矛盾；某部門經理是董事長的遠房親戚……這些事情如果沒人告訴你，你想破頭也不會知道。

3.掌握部門裡做事的各種潛規則，比如，何時報銷單據最容易，何時找部門經理簽字最妥當，何時申請休假最容易獲得批准……如果沒有技巧，會多繞路。

4.摸清本部門的發展方向。你所在的部門有沒有縮減的可能，部門員工有沒有轉崗換崗的機會，你的長久發展計畫是什麼……這些事情需要你找到資深的前輩暗中請教，卻又不能露出自己的「不安分」和「小野心」。

有些事情通過「偷看」就能明白，有一些需要「偷問」。問是要講究技巧的，可以從以下幾點開始練習：

1.一定要用禮貌用語，多說「我們」，少說「我」；多說「您」，不說「你」。不管對方年紀大小，都要讓他有被尊重的感覺。

2.多說求人的話語。比如：「真是不該再麻煩您，但是實在沒有辦法，只好又麻煩您了。」或者「我知道您的時間很緊，可是實在沒辦法，只好來打擾您了。」用這樣的話開場，不會讓對方有被打攪的感覺。

3.儘量把自己要問的事情說得很小，以便對方更願意解答。比如：「您只要給我做個示範就行了，其餘的我自己學著做。」

4.抬高對方，適度「戴高帽」，比如：「您就不要推辭了，這件事我只能向您請教。」

5.誇大困難，贏得對方的同情。比如：「我是上天無路，入地無門了。」或者「我已經盡了全力了，但是卻沒能解決。」用誇張的方法把事情的難度說出來，對方會對你的「弱勢」伸出援手。

當然了，在職場裡，「不懂就問」是一個好習慣，「明著問」沒有什麼不好。但是涉及到一些敏感問題時，比如人事、財務、潛規則等，你問得太多會讓別人對你產生戒備心理，所以你需要明裡暗裡交替進行，把「偷師」進行到底。

用心跑龍套，力爭做主角

職場人都盼望升職加薪，但是高職位、高薪水不是一朝一夕就能實現的。那些成功的職場明星都是從基層做起，從最不起眼的「龍套」做起，最後熬成了主角。

「多年媳婦熬成婆」，這句話不但適用於日常生活，同樣適用於職場。

我們看慣了那些頭頂光環的職場明星在人群前面微笑，卻很少想像他們做為「小人物」時吃苦受累的日子。事實上，他們中的大多數都是經過多年歷練，從龍套和配角做起，一次次爭取機會，慢慢充實自己，當了很久的「綠葉」之後才成為「紅花」的。

人氣正旺的電影演員吳彥祖在接受媒體採訪的時候就曾經表示過：「我最初做演員的時候，覺得能夠給成龍大哥演替身，或者被他踢一腳，就很開心了。」現在呢？他是成龍大哥最青睞的搭檔之一了。

從龍套變成主角註定是一個漫長的過程。當然，有一些人很幸運，可以一夜成名。但是更多的人是十年磨一劍，逐漸在職場站穩腳跟，為自己贏得一席之地的。

以前，我公司有兩位年輕人同時進公司，一位嫌棄職位低、薪水少、工作量大，做了不到兩個月就離開了。另一位卻高興地留下來，踏踏實實做事。

兩年之後，留下的那位已經成了部門的主管，兼管部分人事工作。巧的是，在一次人才招募上，他遇到了離職的那位前同事。前同事驚訝地問：「你居然一做就是兩年啊，看來混得還不錯嘛。」而他自己呢，先後幾次跳槽，總是不甘心跑龍套，卻依舊沒有找到像樣的職位。

進入職場的人就是一粒種子，先要落地生根，紮實基礎，吸收養分，然後才能一步一步從基層走向高層，開花結果。

職場很像一個戲班子，叫好又叫座的「角兒」永遠只有少數幾位，其他人都是搭台做配角的。你可以朝著職場「明星」的方向努力，但是在成功之前，必須把該做的事做好，否則連登台的機會都沒有了。

除了要擺正心態認真「跑龍套」，還要想方設法力爭做主角。

演藝圈有「金牌龍套」的說法，就是某些人演了一輩子戲，卻永遠都沒有重要的戲份，只有幾句台詞，甚至一露面就被「幹掉」。大家都認識他那張臉，但是也永遠不記得他的名字。雖然有了「金牌龍套」這樣的安慰獎，但是有幾個人是衝著這個獎去的呢？

所以，你要想辦法讓自己成為主角。

我認識一位「女強人」名叫子惠，她用了七年時間從龍套熬成主角，剛好是大學畢業到三十而立這個階段。

起初，她進入一家知名外商做行政工作。她覺得女孩子做行政工作不錯，工作輕鬆，薪水待遇也還可以，接下來就是找個如意郎君結婚生子了。但是工作半年之後，她的想法改變了，她發現自己才能無處施展，非常渴望跳出這個「勤雜工」一樣的部門，到更加重要、更具有挑戰性的位置上去。

做為一名行政人員，她永遠都是在給職場明星們忙前忙後。子惠心想：「什麼時候能有人圍繞在我的身邊，為我跑腿打雜呢？」

這個想法萌生出來之後，她就再也坐不住了。

子惠決定改變職業方向，從行政部門轉到人力資源部門。專業知識不夠，不要緊，可以學；沒有經驗不要緊，可以累積。

起初，子惠提出去做HR工作，部門主管的頭搖得像撥浪鼓。子惠毫不氣餒，將撒嬌耍賴的手段都用上了，終於進了人力資源部門。此後，她充分發揮自己的聰明才智，努力工作，最終從一名普通的人力資源專員一路升至人力資源經理。

子惠的故事值得眾多職場人效仿。如果不想做「金牌龍套」，就要設法爭取更好的「角色」。

要實幹，更要懂得「巧」幹

數學學得再差勁，也要計算好自己的工作量與收入的比例。你是按工作時間拿薪水，還是按工作數量拿薪水？把這筆帳算清楚的人是「巧幹」，遠遠超過那些埋頭「傻幹」的人。

人在職場需要處理各種各樣的問題，面對各種各樣的人。想在職場站得住、吃得開，就要掌握一些做事的技巧。

做事認真、負責很重要，但不能傻幹、苦幹。畢竟，我們不是拉人力車的，捨得花力氣就行。就算是拉人力車，還有如何拉會省力氣的問題。所以，用蠻力做事不行，要用巧力。也就是我們常說的「三分實幹，七分巧幹」。

一個「巧」字，包涵多重意思：

1. 你要弄清楚自己的付出和所得是否成正比

有一些職場人每天像腳踏風火輪一樣跑來跑去忙個不停，最後到手的薪水和獎金卻很少。這樣的人被稱為「窮忙族」，他們經常哭訴自己「命苦」。

又忙又窮，很可能是因為付出和所得出現了嚴重的不平衡。打個比方，每天工作八小時，要做幾件事？如果只做一件事，那就說明你這一天所得的薪水是用這一件事換來的，你做的事是值錢的。那麼就可以爭取多做幾件事，然後向老闆要求相應的報酬。

反過來，如果八小時你做了N件事，你這一天的薪水是用N件事換來的，你做的事就是不值錢的。那麼你就要考慮如何縮短工作時間，讓你的所得跟勞動時間成等比。

2.「巧」字還體現在你所做的事有多高「曝光率」

現在的職場已經不再提倡「無名英雄」了。默默無聞的人固然可敬，卻會喪失很多原本屬於你的利益。所以，「巧」幹活的人往往懂得在老闆面前適度曝光自己，讓自己的閃光點被老闆注意到。

也許見過這樣的人，平時悶聲不響，慢條斯理，但是只要老闆交給他工作，他肯定會快速完成，贏得老闆的賞識和信賴。這就是懂得在老闆面前表現自己最好的一面。

在職場中有個關於「紅外套」的故事：一個年輕人向成功人士請教「出位」之法，成功人士告訴他：「在我的工地上，工人們都穿同樣的衣服做同樣的事，但是有個工人卻穿著紅色的外套，格外醒目，我很容易就記住他了，並留意觀察他。我發現他是個認真負責、努力實幹的人，所以就委以重任。」

「紅外套」就是「巧幹」的一個典型。那個年輕人跟別人做同樣的工作，但是老闆看不到別人偏偏關注他，所以他事半功倍。

3. 「巧幹」還體現在與人通力合作完成任務上

有些人做事喜歡單打獨鬥，這樣的人要麼是能力超強，要麼是脾氣太倔，要麼就是太笨不懂得與人合作。

懂得「巧幹」的人，總能設法把一個任務拆開，請其他人幫忙。這樣，他用幾分之一的力氣就完成所有工作，只要在慶功的時候說一句「感謝大家的幫助」就可以了。

在職場奮鬥的路上，有人事半功倍，扶搖直上；有人事倍功半，停滯不前。這並不完全是能力有所差別，很可能是「巧」與「不巧」所致。做事是一門學問，更是一門藝術。懂得了辦事的藝術，你的辦事水準就會大大提高。

重視請假打卡之類「小事」

年輕職員經歷大事的機會並不多，老闆考察他們主要就是從小事來看。見微知著，很多老闆都是從請假打卡之類的小事來識人用人的。

有人說，打卡制度的發明是人類工作史上最「泯滅人性」的一件事，甚至有行為藝術家用每一小時打一次卡這種形式來批判這種強行把人和時間緊緊捆綁在一起的做法。但是，打卡的科技含量有增無減，很多企業已經開始用指紋識別代替打卡機了，偷懶的人想讓人「代」打卡都不能了。

老闆們為什麼會重視此類「小事」呢？因為小事裡反射出很多「大事」，可以看到很多表象掩蓋的事實。

我遭遇過一位老闆，他就「打卡」這件事幾乎能夠寫出一本書來。他非常得意地說，他是中國的老闆當中最早一批打卡機使用者。他之所以「癡迷」這項制度，因為這件小事可以幫他「看透」員工，識別庸才和人才。

我簡要概括一下那位老闆的意思，不一定完全科學，但可以用來參考。

第1點，請假打卡這類考勤方面的「小事」可以折射出一個人的時間觀念

有些員工從來沒有遲到或者早退的記錄，至少說明他非常守時。我們知道，大城市交通擁塞很可能會影響員工的上班時間。如果對這種情況充分估量，員工就會早一些出門。能夠這樣做的員工，就算不是「人才」，也是讓人放心的人。

第2點，不隨意請假，不無故遲到早退，說明這個人不占公司便宜

公司有事假病假，也有「遲到一次不扣錢」的寬鬆制度，從來不使用這些權利的員工，在老板眼中就是「不貪小便宜」、有成本觀念的人。這也是老闆願意相信和重用的人。

第3點，好的出勤是工作認真負責的表現

職場是團隊作戰，如果經常遲到早退，或者動不動就請假，你手裡的工作勢必造成拖延，也會影響整個團隊的做事效率。能夠保證出勤的人是有團隊精神的人，也是有責任感的人。如果老闆需要人的時候，別人都不在，你是不是就成了他的「救火隊員」？

第4點，出勤問題甚至能夠折射某些人的「陰暗面」

有些員工會打「擦邊球」，眼看還有半小時下班，實在坐不住了，就會跟身邊同事說「幫忙打卡哦」，於是他就走人了。幫他打卡那位一定是「好人」嗎？不見得。他有可能向上司舉報，說某某提前翹班，還讓我代打卡。

這樣的人其實非常常見，不信你就留意觀察，那些跟你說「遲到一些沒有關係」的人，總會比你先到；那些告訴你「沒事不用來了」的人，總會待在辦公室；那些口口聲聲「討厭加班」的人，往往會賴在辦公室直到老闆離開他才離開……很多人就是用這樣的小伎倆打擊別人、討好老闆的。

觀察一個員工，就是從這樣的「小事」開始的。很多學歷、技術和能力都很出色的員工，原本會有不錯的發展，卻因為粗心、懶惰、沒有激情、沒有做好份內之事而頻頻遭到解雇。甚至有的人僅僅因為辦公桌太亂，從此不被老闆重用。

我們不是一直強調「細節是魔鬼」、「細節決定成敗」嗎？這就是最好的例子。職場無小事，特別是對於資歷尚淺的人來說，做好每一件小事，才有資格談大事。

認真記交代，用心聽指示

如果沒有過目不忘的本事，就請乖乖準備一本記事本，隨時隨地把老闆交代的話記下來吧。好記性不如爛筆頭，這樣做既可以幫你做好工作備註，又可以讓工作有案可查，以防日後找不到憑證。

一次，我去觀摩某人資單位的面試。我坐在HR經理的身後，看他怎樣篩選面前的應徵者。

經理對應徵者說：「現在，假設我是你的老闆，你是我的助理。我要交代三件事，你看要如何安排。」說到這裡，他稍稍停了一下，看著面試者。

面試者說：「您請講。」

經理繼續說：「第一件，幫我訂一張明天早上飛東京的機票。第二件，今天中午十二點之前把辦公桌上的檔用快遞發給C公司的人力資源經理。第三件，通知銷售部的陳經理和他下屬的三位經理Jack、Ross和程琳在下午兩點鐘到我的辦公室開會。」

我坐在這位經理的身後，驚訝地發現，在他宣佈這三個任務的同時，他已經悄悄把面試者的名字在名單上勾掉了——對方還沒有回答問題。

面試者的回答很糟糕。他把三個任務完全弄混了，裡面所有人的名字、職務都混淆了，時間也都記不清了，最後非常沮喪地離開招聘現場。我低聲問經理：「為什麼您在面試者回答問題之前就勾掉了他的名字？」

經理說：「其實他只要說對一句話，我就會給他打一百分了。在我說要交代事情的時候，他應該說『請您等一等，我拿本子記一下』。只要他說出這句話，哪怕是有一個在本子上記錄的動作，我都會很滿意。可是他沒有。」

很多年輕人想做祕書、助理之類的工作，並且希望一步到位成為經理、總經理甚至總裁的祕書。看到上面那個事例，你不妨對照一下，自己得零分，還是一百分。

「聽」很容易，「記」卻很難。認真「聽」老闆交代任務是不夠的，職業的做法是把老闆的指示、交代、吩咐隨手記錄下來，並且事後整理。

還拿上面的例子來說，HR經理的問題是精心設計的，他故意說出幾個時間、幾個人物、幾個地點，這樣複雜的任務，任何人都不可能一字不漏地「記」住。你必須養成「隨手記」的習慣，把老闆交代的事情逐條記下來，然後再按輕重緩急去落實到位。

此外，「聽」還有一個含義，就是「聽懂」。

在職場待久了、跟上司級人物混多了的人都會有這種感觸：「上司總是話裡有話。」如果你能悟透這一點，說明你離提升不遠了。

上司的每一句話都是很有「策略性」的，他會故意把簡單的事情說得複雜一點，要不然怎麼能顯示出他的「高深」呢？上司不會把話說得太直白，一方面是為了試探你的聰明程度，另一方面也是為了給自己留退路。

也許你會鬧情緒，上司說話轉彎抹角，這不是耽誤事情嘛？算了，你在圈子裡混，就遵守這個遊戲規則吧，話語權掌握在人家手裡，抱怨沒有任何意義。

優秀的職場人多半都有一雙「智慧」的耳朵，聽到上司的話，能夠知道其中真意，快速理解上司的真實意圖。不但聽到上司說的1，還要明白其中蘊含的2和3，最好你在落實的過程中照顧到即將發生的4和5，這樣才是「耳聰目明」的職場有心人。

乖乖認錯的人有人疼

乖乖認錯是一種態度，也是一種策略。雖然表面上看處於劣勢，把上風讓給對方，卻有效地保護了自己，讓自己避免更加嚴重的損失。

有一段時間，我在一個很「強」的團隊跟一夥很「強」的人共事。大家都屬於「工作狂」式的人物，一不怕苦二不喊累，工作效果也非常理想。

時間稍微長一些，我漸漸發現，在這個很「強」的團隊裡，有一個「短板」。這個人的能力不足，甚至在待人接物方面也有很明顯的劣勢，是團隊裡最「不和諧」的音符。

為什麼「弱」者能夠留在「強」的團隊中呢？就是因為他有個屢試不爽的法寶：認錯。

每次他負責的工作出了紕漏，他總是第一時間跑到上司那裡認錯。堂堂七尺男兒，自我檢討起來恨不得掉眼淚。大家都覺得誇張，可是對老闆很受用。

一次聚餐的時候，老闆當眾說：「做事能力差一些沒關係，可以迎頭趕上，我最看重的是做事的態度。有些人仗著能力強，動不動就跟老闆分庭抗禮，那麼做老闆的還有什麼地位？誰都會犯錯，能夠誠心實意地認錯，就是有潛力的人才。」

雖然沒有指名道姓，我們也知道老闆是在為那個善於認錯的同事說話。看來，他能夠在團隊裡占有一席之地，果然是有些手段。

後來，我看了一些心理學方面的書，逐漸糾正了對那位同事的看法。他的「認錯法寶」，不但是職場生存技巧，而且符合人的心理認知規律。

一般來說，抓到別人「小辮子」、「把柄」的人會有一種居高臨下的姿態，不由自主就會產生一種「強勢」心理。犯錯的一方在他的面前等於被判了刑。

倘若在這個時候辯解，只會火上澆油，倒不如乖乖認錯，甚至稍稍誇大自己的錯誤，對方反而會高抬貴手，給你一個台階下。

很不幸，大多數職場人都不明白這個道理，喜歡在犯錯的時候為自己開脫一下。特別是被上司罵的時候，很少有人把過錯照單全收，總想挖空心思找一些理由讓自己的罪責小一些。

「這次前期準備不夠充分，因為時間太趕了。」

「統計部門拿來的資料有一點問題，才使我們犯了這樣的錯誤。」

「我以前沒有相關經驗，也沒有前輩教我如何應對。」

……

有句話叫「越描越黑」。你越是這樣辯解，對方越是生氣。其實你只不過想給自己找個台階下，對方卻覺得你是在冒犯他的「權威」。於是，他本可以原諒你的，也不想原諒了；他本可以幫你扛一下的，也不會幫你扛了。所以，當我們犯錯的時候，千萬別學律師為自己辯解，乾脆乖乖認錯，爭取對方的憐憫和諒解吧。

水泊梁山裡的「黑旋風」李逵，最莽撞、最無理、最愛惹是生非，可是他又最「厚臉皮」。只要宋江一瞪眼，他立刻就會笑嘻嘻地說：「哥哥恕罪，鐵牛知錯了。」於是，宋江笑，其他好漢也笑，誰都不跟他一般見識了。

職場人，犯錯的時候，多學學李逵。

被人罵，好過沒人理

有的職場人喜歡縮在一個角落，不求有功但求無過地沉默做事。這麼做或許能夠安穩度日，卻無法為自己爭取更多的上升空間。與其自動放棄發光的機會，不如主動「討罵」，做個被人重視的人。

在職場裡，如果你成了大家眼中的「隱形人」，也就基本上宣佈了你的「無希望」。

我有一位做記者的朋友奇君，他在大學四年級時去一家很大的報社做實習生，幾乎沒有工作任務。他坐在辦公室的一個小角落裡對著電腦「無所事事」。於是，他自己找事情做。他學著寫新聞稿，寫完之後就工工整整列印出來，放到主編的案頭等待批復。

讓他鬱悶的是，主編看都不看他的稿子，直接揉成一團丟進腳邊廢紙簍。奇君並不灰心，繼續寫，繼續「找罵」，主編仍舊不理睬。奇君把廢紙簍裡的稿子拿出來，展開，再改，再交。

就這樣，一個寫，一個丟，半個月的時間轉眼過去。奇君再也忍不住了，直接走到主編面前說：「老師，我知道自己寫得不夠好，但我懇求您批評我、指點我，我不想坐在這裡混一個實習鑒定。」

主編抬眼看了看他，露出了笑容：「我等的就是你這句話。在你之前，很多實習生見我無視他們，就氣不過走了。只有你堅持了半個月，不錯。」主編說完，遞給他一份材料：「根據這個寫篇報導出來，今晚下班之前交給我。」

那篇報導第二天被放在了報紙的頭版，也是從那天起，奇君成為一名新聞記者。今天，他已經是報社的台柱了。

如果想成為一個出色的職場人，一定要記住，不管性格是內向還是外向，絕對不能「被隱形」。就算沒人理你，你也要主動去跟別人說話。哪怕招來的是「罵聲一片」，也好過被當成透明人。

一位有名的作家在獨立創作之前是某月刊的編輯。他回憶自己的職場生涯時說，他最感激的是給他「罵聲」最多的前輩。大多數前輩對他都是寬容的，唯獨這一位，毫不留情地指出他的錯誤，甚至當眾斥責他：「笨蛋！重做！做到好為止！」

被罵的人當然生氣，卻又不敢頂撞，只能暗自努力，證明自己並非無能。他拼命工作，很快就成為編輯部裡最優秀的編輯之一。

有句話說：「沒人會踢一條死狗。」想想吧，若是沒人搭理你，豈不是把你當成了……所以，在職場中，你不可成為透明人、隱形人，不管褒貶，你都要積極爭取別人的評價和觀點。

學著表現自己，推銷自己，別人才會關注你的存在。

一直向前也要減速反省

大多數成功學、厚黑學都是教人如何進取，奮力向前的，這些都是欲望，車上的引擎裝置，讓你越跑越快。但是不要忘記，越高級的跑車越要配置精良的煞車系統，否則就會有事故發生。

在職場中做事也是如此，勇往直前的同時，記得適當減速反省自身。

有滑雪經歷的人會有這種感覺：往前衝不難，難的是減速和停止。很多初學者、甚至「高手」發生事故，都是減速不利或者無法及時停止造成的。這就像我們開車一樣，一味加速前衝非常危險，必須控制好油門，靈活煞車。

在職場中做事也是如此。

在這個追求「要出名趁早」的年代，躊躇滿志的職場人都在想盡辦法全力加速，巴不得自己的職位升得再高一些，業績數字增長得再快一些。可是你有沒有想過，過於順利的職場路會不會隱藏著暗礁或淺灘？

鐵達尼號下水的時候，大家都覺得它是永遠不會沉沒的船，可是它輕而易舉就撞上了冰山——這是人的麻痹大意所致。

為了不讓我們的事業之船觸礁，我們不僅需要減速、慢行，還需要時時反省。

反省的作用有很多。它是一種「自我檢查」，也是一種「學習充電」。你可以在反省的過程中把自己跟其他人對比一下，看自己的優勢和劣勢在哪裡，如何揚長避短，如何更好地實現自我。

據說，管理大師威爾許長年保持自省的習慣。無論手頭工作多忙，每個週六的晚上，他都會靜坐在書房裡，反思自己的工作和言行，檢查自己有沒有做出錯誤的決策，是否執行了不利的指令。

對於這個習慣，他是這樣解釋的：「若每年檢查一次實施成果，則一年只有一次機會可以改正錯誤；若每月檢查一次，則一年有十二次機會改正錯誤；若每天檢查一次，則一年就有三百多次機會改正錯誤。」就是在這些安靜自省的時間裡，他做出了很多重要的決定，為公司貢獻出一個又一個金點子，帶領通用走向輝煌。

辦公室政治見多了，我們會花很多心思去「研究」別人，從而放鬆對自己的「警惕」。其實，就像成語說的，千里長堤，潰於蟻穴，很多「風險」就出在我們自己身上。自我反省就是給自己「看病」，為以後的「加速」打下基礎。

利用「班傑明・富蘭克林效應」

幫過你的人願意再幫你，這是一條有趣的心理定律。把它靈活運用到職場當中，你就不愁身邊沒有貴人。

班傑明・富蘭克林是美國傑出的政治家和學者，他的很多故事被用作後世教化育人的典範。其中有一則「借書」的佳話，為職場人提供了一個做事的竅門。

某次，富蘭克林很想獲得州立法院一位議員的幫助，可是這位議員是出名的「鐵石心腸」，痛恨一切「巴結籠絡」的行為。富蘭克林幾乎吃了閉門羹，只好另謀他法。

他以私人名義給那位議員寫了一封信，完全沒有提到政治目的，而是向他借一本絕版的稀世圖書。這樣的要求議員是樂於滿足的。

兩天之後，奇蹟發生了，「鐵石心腸」的議員竟然禮貌地跟富蘭克林說話了。一番交談之後，他甚至對富蘭克林說：「隨時願意為您效勞。」

透過這件事，富蘭克林總結出一條定律：「曾經幫過你一次的人，會比那些你幫助過的人更願意再幫你一次忙。」

這個定律被後人稱之為「班傑明・富蘭克林效應」，並稍稍做了引申：要使別人喜歡你，就請他幫個忙；幫過你的人，下一次還會樂意幫你。

到了二十世紀六十年代，有兩位心理學家想用實驗的方法證實這個效應。他們將接受實驗的人分成兩批，分別給了他們一筆錢，然後允許他們離開。

心理學家對第一批人說：「我想請你們幫一個忙。我是用自己的錢做這個實驗的，現在我實在沒錢了，你們能不能把錢還給我？」

同時，心理學家又告訴第二批人：「我想請你們幫一個忙。發給你們的錢是實驗室的經費，現在實驗室沒錢了，你們能不能把錢還給實驗室？」

兩批人的回應有顯著差異，第一批人中有很多人都願意把錢還回去，第二批人則不願意。心理學家由此認定，班傑明・富蘭克林效應是成立的——第一批人覺得自己幫助心理學家做了這個實驗，可以再幫他度過經濟危機；而第二批人覺得自己跟實驗室沒什麼關係，所以並不想幫實驗室解決財政困難。

之所以花了這麼長的篇幅講述「班傑明・富蘭克林效應」，就是想跟職場人分享一個事半功倍的做事方法：求助。

很多人是不喜歡請人幫忙的，害怕別人看扁自己。他們寧願自己加班加點、廢寢忘食，也要攻克難關。這種努力的精神固然可貴，卻有浪費資源的嫌疑。

你原本可以用這些時間做其他的事，並且可以透過求助和別人建立一種互動關係。可是你沒有，這不是浪費是什麼？

我們在誇獎一個小孩的時候，「勤學好問」是重要的品質之一。這也是一種「求助」。這樣的品質到了職場中不能丟棄，而是要發揚光大，並且做為一種職場做事技巧供大家分享。

你幫我，我幫你，大家齊心協力，團隊的凝聚力無形當中就體現出來了。若是每個人都單打獨鬥搞個人英雄主義，要團隊還有什麼用呢？

俄國的小說家列夫・托爾斯泰寫過這樣一句話：「我們並不因為別人對我們的好而愛他們，而是因為自己對他們的好而愛他們。」

這分明就是說，幫助別人讓人愉快。你求助於別人，恰恰是給了對方一個愉快的機會。這與「班傑明・富蘭克林效應」不謀而合。

充分利用這一效應，你既可以省時省力做事情，又可以獲得良好的人際關係，實在是賺到了！

第五章 靠近上司「管理」你的職場圓夢人

上司是你的職場圓夢人，可以助你在事業上更上一層樓。相反，如果你不擅長「管理」上司，他會否定你的能力，在你的職業道路上設置障礙。

這就需要我們掌握一些和上司相處的技巧，摸準上司的脾氣和喜好，樹立統一的價值觀，讓自己成為上司面前的紅人。

瞭解上司的脾氣和做事習慣

「官大一級壓死人」這句話，形象地說明了上司的權威。他壓著你，決定你是否有「露臉」的機會。所以，聰明的職場人要學著觀察上司，瞭解上司的脾氣和做事習慣，主動向他靠近。

絕大多數人都在抱怨自己的上司自私、無能、小氣、苛刻、不公正……聽起來上司簡直就是個一無是處又十惡不赦的「惡棍」。

可是，他為什麼在高位上坐得那麼舒服？公司為什麼不炒掉他？你為什麼無法取代他的位置呢？

回答不了上面三個問題，你就應該停止抱怨，接受「他是上司」這個事實。然後，乖乖反省自身，主動找機會改善自己與上司的關係。

要知道，頂頭上司是掌握下屬「生死大權」的人，他對你點頭，你的績效考評成績就會很好；他對你搖頭，你以後的路就會走得磕磕絆絆。

因此，我們要在戰略上藐視上司，在戰術上重視上司。為了能夠「管理」他甚至取而代之，我們需要遵循「知己知彼百戰百勝」的古訓，認真研究上司的脾氣和做事習慣。

如今的職場，「管理」不再意味著單純的上級管下級，你也可以「向上管理」（managing up）。瞭解上司是「怎樣一個人」，是「向上管理」的基礎課程。

真正「深藏不露」的人在現實中很難找到，上司的情緒波動，難免會在工作中流露出來。有心人透過觀察就能摸出基本規律，掌握上司心情的「陰晴圓缺」。

為了全面瞭解上司，一般來說，你要弄清楚：他期待什麼，愛好什麼，憎惡什麼；他有什麼怪癖和偏見，有什麼忌諱和主張；他心情好與不好會幹什麼；他喜歡在哪種環境裡談事情，是辦公室還是休閒區，是咖啡館還是酒吧；他習慣哪一種工作彙報形式，是簡單明瞭的表格，還是文字敘述的報告，甚至是面談。

掌握這些情況不需要「無間道」，你可以留心觀察，實在觀察不到的，可以跟他的副手或祕書套套交情，打探幾句。

在現實的職場中，一個野心勃勃的上司會不自覺地把自己的團隊當成私有財產，進而打上「個性化標籤」。他的那些喜好、憎惡、風格，會不知不覺推廣到整個團隊。如果你能夠主動向他靠近，並在言語上適度「表明立場」，他無疑就把你當成「自己人」看待。反之，如果你不去理會上司的心理，一意孤行按照自己的方式做事，很可能成為上司眼裡的「不合作者」。

嘉明就曾經吃過這樣的虧。他本人基本屬於「工作狂」型，只要投入到工作中，恨不得不吃飯不睡覺，也要一鼓作氣把事情做完。而他的上司是一位「道家風範」的人，做事不緊不慢，午飯後總要組織部門的人一起喝喝茶聊幾句。

這樣一來，嘉明深受其「害」，一則他不喜歡喝茶，二則他認為那種「閒聊」實在浪費時間。起初，他還過去應付一下，後來乾脆不再勉強自己，吃過飯就回到座位上做自己的事。上司當然不能為此而責怪他，但也絕對不會因為他的「勤奮」而褒獎他。

這樣看你就不難理解，為什麼部門裡那些能力稍差，與上司關係最好的人通常是晉升和受嘉獎的人選；而能力最強，與上司關係一般的人往往會與機會「失之交臂」。這不是「天災」，而是「人禍」。

所以，我必須提醒那些認為自己優秀就可以「木秀於林」的職場菜鳥們：出色的業務能力能夠確保你「安全」，卻無法實現你「飛得更高」的職業理想。

在努力工作的同時，花一些時間摸清上司的「老底」，看他是屬於哪種類型的人，有什麼特別的愛好。正所謂「横吹笛子豎吹簫」，搞清楚上司是「笛子」還是「簫」，我們才能跟他一起演奏出和諧的曲調。

摸清上司的類型，找準應對的方法

摸清自己的上司屬於哪一種類型的人，然後找出與之相處的最佳方法。這樣一來，不管是請求上司點頭表決還是蓋章簽字，都會容易得多。

很多人覺得，自己到公司是上班的，做好份內工作就行了，不必過多考慮上司的心思。這種「不求有功，但求無過」的想法太過消極，說不定哪一天上司覺得你「可有可無」，就把你打發走了。

上司需要的，是與他「匹配」的下屬。打個比方，你留了長髮，蓄了大鬍子，做一個逍遙自在的藝術家當然沒得說。可是以這樣的姿態進入財務經理的辦公室談工作，恐怕就要看黑臉了。你需要剪掉長髮刮去鬍鬚，換上工作服，才會贏得經理的好感。

「匹配」就是這個意思。

一個強勢的主管，不會希望手下是膽小之輩；一個凡事井井有條，一絲不苟的老闆，看不慣大喇喇、不拘小節的下屬；一個急性子經理容不下慢性子的員工；一個作風硬朗、灑脫幹練的女強人肯定看不慣脂粉過重、香氣過濃的「花瓶」女職員。

這也是「匹配」。

你要主動去「匹配」上司，而不是讓上司「匹配」你，這樣你才可以在他的團隊裡長久立足，謀求更多的發展機會。

總結起來，上司可以分為以下幾種：

1.理智型

這樣的上司冷靜、客觀，喜歡收集資訊整合資源，歡迎下屬向他提供有價值的情報供他思考和消化。所以，在他面前你要表現出自己的真才實學。

理智型的上司往往帶著與生俱來的嚴肅，乍一接觸彷彿難以親近。他總能看穿事件背後的本質，直指問題核心。在這樣的上司面前，切勿濫竽充數，要麼獻計獻策，要麼閉嘴收聲。

2.知己型

人們常說：「棋逢對手，將遇良材。」可見，知己型上司是職場人最期待的。這樣的上司容易相處，通常會跟下屬稱兄道弟、不分彼此，講話較為隨意，出手相對大方。跟這樣的上司在一起，不需要太多的客套。

但是，這樣的上司也最容易讓人「麻痹大意」，忘掉「等級差異」，做出不恰當的言行。所以，做下屬的要時刻保持清醒，不要以為「大哥照顧」就可以放鬆手頭工作。倘若你給「大哥」帶來麻煩，你這個「小弟」照樣會倒楣的。

3.工作狂型

能夠升到一定高度的上司，多多少少都會有「工作狂」的跡象。如果你的上司是個不折不扣的工作狂，那麼你最好跟上他的步伐。在「工作狂」上司的眼中，一切「表忠心」都是浮雲，任何「套交情」都是投機取巧，你的忙碌和實幹才是對他最大的忠誠。如果你在這樣的上司面前表現出倦怠，恐怕前途就會渺茫了。

不過，「工作狂」上司帶出來的團隊往往是業績最好、紀律最好、口碑最好的。倘若你的狂人上司沒日沒夜「窮忙」一氣，卻不能讓你們嘗到甜頭，那你一定要考慮跳槽了。

4. 達人型

這樣的上司本身沒有大的進取心，效法「船到橋頭自然直」的古訓，不求有功但求無過。年紀偏大或者有過機關單位工作經歷的人，多半會有這樣的特點。

如果你本人性格也是這樣，在他的團隊裡自然最安全。你可以跟著他慢慢「熬」下去，等到資歷深厚時尋求升遷機會。如果你不想安於現狀，就應該考慮另找一位幹勁十足的上司了。

總之，不同類型的上司有不同的「管理」方式，你要調適自己去「匹配」他。

美國心理專家羅伯茲曾經說過：「在聰明和忠誠面前，老闆的選擇永遠是後者。」

那麼，如何讓上司相信你的忠誠呢？

跟他匹配，保持步調一致。

不要得罪上司身邊的「小狐狸」

不要得罪上司眼中的紅人，要和他們友好相處，爭取得到他們的認同；如果做不到這一些，也不要和他們發生正面的衝突，一時的忍讓可以讓你換來長久的好處。

在古代官場故事裡，最悲情的一個人物是商代的比干丞相，一輩子鞠躬盡瘁，居然被活活挖出了心肝。不為別的，只因他得罪了紂王身邊的妲己——那隻「狐狸精」。官場和職場是相通的，皇帝身邊的「小狐狸」得罪不起，上司身邊的「紅人」也不能輕易招惹，否則後果會很嚴重。

芳靜頂著優秀畢業生的頭銜進入職場，在一家出版機構做圖書編輯。她信心十足地憧憬著自己美好的未來，希望能夠策劃出一本暢銷書。

但是工作時間不長，芳靜就與另外一位編輯語衡產生了矛盾。語衡認為芳靜負責的一本書有問題，而芳靜堅持認為自己的做法完全正確。兩個人僵持不下，在主編面前大吵了一架。芳靜據理力爭，主編也表現得息事寧人，總算把兩個人勸開了。

風波平息之後，同事偷偷對芳靜說：「你不應該跟語衡對著幹，他是主編最信賴的人，得罪了他，以後你就別想有好日子過了。」

芳靜起初不信，後來才慢慢意識到問題的嚴重性。雖然語衡表面上不計前嫌，可是他經常到主編那裡說三道四，數落芳靜種種「不是」。芳靜誠懇地對他說：「郭前輩，我有什麼做得不好的地方，希望你多指點。」

語衡嘴上說沒有，可是一到部門開會，或者集體討論問題的時候，他就會在主編面前批評芳靜的種種「職場幼稚病」。

芳靜恨死了這種「穿小鞋」的做法，但也無可奈何。

很多職場人都有過芳靜這種悲慘經歷，有意無意地得罪了上司身邊的紅人，從此長期不得安生。所以，我們要對這種「小狐狸」敬而遠之，劃清界限。

因為這些人對上司的決策、用人及其他問題的看法都會產生重要的影響，而且這種影響在很多時候可能會是決定性的。你沒有必要「眼紅」，更不要妒忌和吃醋。如果想「息事寧人」，就應該和他們保持距離。如果你覺得自己的EQ夠高，不妨試著跟他們搞好關係，讓他們幫你在上司面前美言幾句，助你一臂之力。

很多人覺得，在公司裡只要盡心盡力，取得業績，贏得上司的賞識和歡心，加薪提升就指日可待了。卻不把那些老闆身邊心腹放在心上，認為這些人的職位不怎麼高，權力也不怎麼大，跟自己也沒有什麼直接的工作關係，沒必要重視他們，這樣想就大錯特錯了。一般來說，「小狐狸」與上司的感情都非常好，他們對上司的影響力遠遠超出我們的想像。如果你和他們疏通了關係，會對你的晉升引起非常大的推動作用。

正常情況下，在上司身邊充當「小狐狸」的人主要是業務骨幹、公關骨幹和財務骨幹，換句話說，他們是老闆的「腰桿子」、「嘴皮子」、「錢袋子」，他們無法不「紅」。弄清了誰是「紅人」後，你就要採取一定的措施來爭取和他們友好相處。你要細心觀察他們的特點，但不能表現得太過殷勤和功利，否則弄巧成拙。

你可以向他們適度示好，或者表示自己跟他們也有同樣的興趣，以此來拉近彼此的距離。當他們有難事需要幫忙的時候，一定要全心全意地幫他們。你現在雖然要付出時間、精力或者金錢，但從長遠來看，你會受益無窮。

把業績分給上司一半，甚至更多

把自己的業績分給上司一半，你或許會覺得委屈。可是反過來想想，若是沒有上司的提攜和重用，你連這一半都拿不到。身為下屬，不要總想著被「剝奪」的那一部分，要多想想被「賞賜」的那一部分。

李智剛是一名出色的機械工程師，經過幾年的職場歷練，已經能夠獨立帶團隊負責重要的科學研究任務了。

某次，他所在的部門承擔了總公司分配的一項科學研究任務，李智剛擔任專案組長。他帶著團隊全力奮戰，用五個月的時間圓滿完成了任務。

總公司的上司非常高興，對李智剛的團隊進行了嘉獎。在接到大老闆 e-mail 的時候，李智剛想了想，在回信中寫道：「此次任務能夠在短期內保質保量完成，與部門經理邱天澤的大力支持是分不開的。建議總公司頒發集體榮譽獎，並為邱經理記功表彰。」

李智剛把這次「出風頭」的大好機會讓給了上司邱經理，很快，邱經理就把另外一項重要的任務分配給了李智剛。

這次，李智剛又將功勞讓給了邱經理。團隊裡的成員有些小小的牢騷，認為李智剛太傻了。李智剛笑而不答，似乎成竹在胸。

果不其然，沒過一個月，上級分給該部門一個出國考察的名額。毫無疑問，李智剛獲得了這次出國的機會。此次「鍍金」讓李智剛大開眼界，回國之後受到了單位的重用，成了不可或缺的「台柱」之一。

李智剛不露聲色地「賄賂上級」，是職場中人最典型、最聰明的做法。

有的人很容易在這個問題上流露出不滿情緒：明明是我辛苦做成的事，上司就動動嘴而已，憑什麼要把我的功勞讓給他？

其實這個問題很好理解，如果你看過古典名著《水滸傳》，或者陳可辛的電影《投名狀》，就會懂得「向大哥表忠心」有多麼重要了。你想在一個組織裡立足，想獲得「老大」的認可，你就必須先給老大一點「甜頭」，先為組織貢獻好處。每一個「逼上梁山」

的好漢都會主動請纓出去打一仗，為的就是給自己賺一些立足的本錢。

如果你能夠做到這一點，上司就會想：「這個員工很識相，跟我是一條心的，可以重用。」如果你不能贏得這份信任，拼命邀功請賞卻「光吃不吐」，很快就會招人眼紅。

漢朝有一位著名的官員叫龔遂，他在渤海一帶政績卓著。

漢宣帝命令他回朝接受嘉獎。

正當龔遂喜氣洋洋要去領賞的時候，一位姓王的先生問他：「如果皇上問你如何治理渤海的，你怎麼回答？」

龔遂說：「我怎麼做的就怎麼說，人盡其才，嚴格執法，因地制宜。」

王先生一聽，連連搖頭說：「你這樣說就等於在變相邀功，聖上心裡會很不爽的。你要把功勞都算在他頭上，就說是聖上的『天威』讓百姓受到了感化，所以大家安居樂業。」

龔遂接受了王先生的建議，在漢宣帝問話的時候，把功勞全都讓了給皇帝。漢宣帝聽後非常高興，便將龔遂留在身邊，任以顯要而又輕閒的官職。

有時，上級並非真的貪圖下屬的「功勞」和「好處」，他是在為自己尋找一種「安全感」，要下屬證明他的忠心。他以這種方式確立自己的權威地位，也是用這種方式考驗下屬的忠誠度和忍耐度。

所以，職場人在得到好處之後，千萬不要忘記把自己的業績分給上司一部分。有吃有吐，以後才能吃得更多；光吃不吐，恐怕以後很難吃到了。

職場是個大舞台，上司是這個舞台上最耀眼的明星之一。識相的下屬應該親身實踐「厚黑教主」李宗吾說的那句話：「想升遷，就要學會捧場。」

儘量把忠言說得順耳

苦口良藥的外面可以包裹糖衣，逆耳忠言也可以輔之以動聽的話語。職場人要學一些提反對意見的技巧，這樣才可以讓自己的想法有機會在公眾面前表達出來。若是一味做上司的應聲蟲，無異於放棄了自己的話語權，也就休怪自己沒有「出頭之日」了。

有句古語叫做「忠言逆耳利於行」，於是大家在這句話的指引下說出很多「忠言」，全然不顧及對方是否願意聽取。

如果是在沒有利益衝突的關係中，如家人、朋友，這樣坦誠相見的態度是可以接受的。可是到了職場中，涉及到等級秩序、利害關係，我們不能打著「忠言」的旗號隨意說出心中所想。即便要說，也要講究方式方法，儘量把「逆耳」的話說得「順耳」。

當然，這就是技巧問題了。

技巧1：充分利用「很好……但是……」的句式

如果你對上司的一些話心存疑惑或者異議，一定不要冒然開口懷疑或者否定，要先對其表示出肯定的態度，先說「好」，然後，話鋒一轉，稍微「補充」一點自己的見解。

某廣告公司創意部門的會議上，大家在為一款數碼產品的商標進行討論。部門經理看好一個飛龍形狀的設計，認為這個很有文化韻味。

在座的各位紛紛表示同意。

這時，一位設計師起身說：「經理的這個意見很好。但是，我擔心它太好了……」

經理眼睛一亮：「有意思，你說說看？」

「這個設計當然富有文化韻味。可是，我們這款產品主要的銷售市場是國外，在西方文化裡，龍往往代表邪惡和恐懼。我們的商標設計會不會讓西方的消費者產生抵觸心理呢？」設計師說道。

部門經理恍然大悟，立刻讓大家重新選擇更好的方案。

先肯定再補充，這是「忠言不逆耳」最基本的說話策略。向上司提出異議時，你不但要有充分的理由，還要注意說話的技巧。一句「我擔心它太好了」不至於讓部門經理丟面子，所以經理也會坦然接受下屬的提議。

這便是提意見的高明所在。

技巧2：「潤物細無聲」的方法

有時候，你有了一個很不錯的點子，用心把它整理出來後彙報給上司。沒想到上司非但沒有絲毫興奮，反而表現出一副不高興的態度，更別提採納意見了。遇到這種情況，你應該減緩自己「進諫」的速度，逐漸把想法滲透給他。

上司說歡迎大家「暢所欲言」，於是，很多員工就真的有什麼說什麼。其實這麼做有點「傻氣」。因為員工多半是魏徵那樣的「烏鴉嘴」，說的都是挑毛病的話。從人性角度來說，自負是與生俱來的，特別是上司，身居高位，總有一種居高臨下的優越感。下屬三天兩頭跑來提意見，有很多意見還是「不可靠」的，他能不煩嗎？對你黑臉是一定的。

針對這樣的情況，職場人應該學著放緩步調，間接提出自己的「忠言」。你可以時不時在他身旁做一些小提示，施加一些小影響，或者把你的構想拆分成幾個部分，分批「植入」到上司的腦子裡。就像《全面啟動》的故事一樣，你給他勾勒出一幅幅場景，向他慢慢滲透這些構想是多麼的重要。

上司不一定會全盤接受你的意見，但是在你的「薰陶」下，他會慢慢朝著你引領的方向走。到時候，他還會覺得這個主意是他自己想出來的。

技巧3：「挫折教育」法

這個思路源自於對小孩子的教育。有些家長告誡孩子不能做這不能做那，孩子卻叛逆心理作怪，偏偏不聽。

遇到這種情況，家長可以任其自作主張，犯一個小小的錯誤，讓他吃點苦頭。有了一次「恐怖」的經歷，他就會乖乖聽家長的勸解了。

在向上司進言時，也可以參考這種做法。上司一意孤行的話，你可以任其錯下去，在一旁「看熱鬧」。等他弄出一個「爛攤子」來，實在無法收場了，這時你提醒一下，他自然會聽取你的意見了。

真心希望聽取反對意見的上司少之又少。所以，不管你的「忠言」如何中肯，也要調整一下思路，確保它的通過率。

棘手問題不能往「上」推

權謀小說裡，蓋世功臣很可能遭遇兔死狗烹的下場；而替主人擋子彈挨刀子的人卻多半得到善終。職場也是如此，幫上司解決麻煩的人，即便沒有超強的業務技能，也能在日後的工作中受到上司的庇護。所以，幫上司承擔一些棘手工作是下屬表忠心的大好時機。

劉雅琪是公司企劃部門的專員。公司在某電視台投入了幾千萬的廣告，她做為參與者之一，自然拿到了廣告公司的一點「小意思」。

這是她參加工作之後拿到的第一筆「回扣」，既興奮又忐忑。有錢拿當然開心，可是這錢總有些「燙手」，她害怕東窗事發的時候有口難辯。

怕什麼來什麼，那一次的廣告效果非常不好，公司老闆全方位調查他們企劃部門的工作，「回扣」問題成為調查的重點。

劉雅琪心裡清楚，這麼大的事情，跟她這種「小龍套」的關係不大，她的上司、上司的上司肯定拿得更多。可問題在於，調查組找她問話，她要怎麼回答呢？

調查組當然要她「知無不言，言無不盡」，可是，她怎麼敢實話實說呢？這是典型的囚徒博弈例子，如果她「出賣」上司討好調查組，也許可以爭取個寬大處理，可是，萬一上司不倒台，以後還怎麼相處？如果她守口如瓶，又能不能保住上司呢？萬一得罪了調查組上司又倒台了，她肯定會被掃地出門。

糾結了好一陣子，劉雅琪決定咬緊牙關，來個一問三不知。她只承認，自己就是個跑腿的小專員，確實拿了一點點「好處費」，其他的事情一概不知。

這件事沸沸揚揚鬧了好一陣子，終於風平浪靜了。具體怎麼擺平的，劉雅琪不清楚，但是從那以後，她就成了主管的心腹，連部門經理都高看她一眼。

主管很欣慰地說：「做為新人能接受嚴峻考驗，真是前途無量啊！」

從此，劉雅琪認定一個道理：棘手問題不能往「上」推。

我們從進入職場那一天開始就應該明白一個道理：上司永遠是丟卒保車的。如果你想不通這一層，只能說明你的思想水準還有待提高。

在上面那個例子中，調查組名義上是代表公司的，若是思想簡單的人，在「公司」和「上司」面前，肯定會選擇「公司」。

但是你要想清楚，「公司」裡面誰會記得你的好處呢？老闆關心的是調查結果，並不會關心一個小專員的「口供」。相對的，你的上司卻清清楚楚知道你說了什麼、做了什麼。你在「公司」眼中是99％的罪人，而在上司的眼中卻有50％做「好人」的機會。如何選擇，再簡單不過了。當你懂得權衡輕重了，職場EQ也就提升了一大截。

很多時候，我們詛咒上司、痛恨上司、鄙視上司，卻不得不借助上司來水漲船高，把他做為我們晉升的階梯。你與上司是一根繩子上的螞蚱，可謂一榮俱榮，共進共退。所以，適當幫他承擔責任，也是保全自己的一種方式。

需要說明的一點是，這裡所說的「棘手問題」大都是已經發生的「壞事」。對於尚未發生的隱患，做為下屬，你有義務提醒上司。遇到你拿不準的問題，也可以主動向上司請示，千萬不要親手製造一個「棘手問題」，再讓上司幫你「擦屁股」，那可真是職場大忌了。

忙在上司的眼皮底下

老闆不養閒人，這是職場的永恆定律。所以，當你覺得自己很「閒」的時候要注意反省了，究竟是承擔的責任不夠大，沒有受到重視，還是上進心不夠。

忙在上司的眼皮底下，會讓你更「像」一個優秀員工。

我曾經與這樣一位仁兄共事：進入辦公室之後打開電腦，看新聞、看信、泡咖啡、吃早餐，全然沒有企業裡忙碌緊張的樣子。

然而，部門上司過來問話的時候，他會像神奇小子一般在幾秒鐘時間內變成一個全速前進的「工作機器」。瞭解這一情況的同事背地裡都喊他「變臉王」。

這位氣定神閒的老兄很多時間都泡在茶水間裡，但嘴裡總是說，「最近好忙啊」、「忙死了」、「忙得團團轉」……誰也不知道他到底在忙什麼。難道是忙著泡咖啡？

其實，這就是一個很狡猾的傢伙在演戲，台詞只說給老闆一個人聽。他經常在午餐的時候說「工作清閒」、「任務不多」之類的話，但是一回到辦公室，尤其是老闆出沒的時候，他肯定把自己弄得像日理萬機一樣。

老闆花錢請人做事，當然希望大家把每一分鐘都用在工作上。他覺得公司幾百人甚至上千人都是自己累死累活在養著，如若發現有「閒人」，絕對不會心慈手軟。

基於此，有些聰明的職場人就總結出了這樣的「真理」：忙在老闆眼皮底下。老闆看到你的時候，要確保自己在「忙」。他向你要檔，你要立刻遞過去（哪怕是尚未完成，也要說一直在修改，請上司多指點）；他問你進展情況，你要回答得頭頭是道（哪怕進展不順利，也要如實向他反映情況，切莫一問三不知）。這樣做，老闆會很開心。

忙，還有第二層意思，就是充實自己，多幹活，多表現。

前面說的那位老兄是假「忙」，是混日子的典型。有一種人是真「忙」，他能夠在較短時間內完成任務，卻不浪費一分一秒，抓緊一切機會學習、充實自己。

朋友昌皓在大學時主修歷史學，畢業之後在高中擔任歷史老師。很多人覺得，高中的老師是比較輕鬆的，不用和學生做太深層次的探討，照本宣科足夠了。所以，昌皓的很多同事都是輕輕鬆鬆的。

昌皓卻不同，每天忙著備課，忙著寫講義，忙著做幻燈片，一堂簡單的歷史課他總要準備出幾倍的資料來。同事問：「用得完嗎？」昌皓笑而不答。

神奇的是，一年之後，昌皓不聲不響就考上了一流大學的研究所。誰都沒見到他復習，他是怎麼考上的？奧妙就在他的「忙」中。他在給學生準備講義的時候，提綱挈領理順了知識點，然後，按照考研究所的標準準備很多相關材料當做考前復習。

就這樣，一年下來，他不但成為學校講課最生動、講義最優秀、表現最勤勉的老師，還獲得了在職就讀研究所的寶貴機會。

職場裡有很多東西要學，或是專業知識方面的，或是人情世故方面的。如果你有更換部門的打算，還要提前做準備。在辦公室裡學習這些跟工作相關的東西再恰當不過，身旁的同事和上司都是你的好老師，你可以隨時向其請教。

「忙於表現」的人，可以在上司面前贏得更多「出鏡率」，給老闆留下更深刻的印象。

「忙於學習」的人，可以學到更多本領，給老闆留下好印象。

但是有一點要注意：你要「忙」到點子上，不要庸庸碌碌、糊裡糊塗地「瞎忙」。

被傷害沒什麼大不了

成熟的職場人要培養自己的「鈍感力」，要學會對職場中一些「無心」的傷害泰然處之。面對突發狀況，我們要保持頭腦靈活想出對策；面對意外的批評或者責難，要穩重鎮靜，不能輕易反擊或者發火。

雖然我們一再強調把「同事」和「朋友」區分開，但是我們無法否認人與人之間的感情是很微妙的。同事之間、上下級之間每天要至少八個小時在一起，有些夫妻每天相聚的時間都沒有這麼長。所以，職場中人的感情還是很難涇渭分明的。

做不到涇渭分明，就會有牽扯；一有牽扯，就會動感情。「辦公室戀情」或者「辦公室友情」都是這麼產生的。

與這種剪不斷理還亂的感情相伴而生的，當然就是情感上的傷害。特別是當你與上司共事多年、自認與他「一家人」的時候，他的某些行為可能會「傷害」到你。這個時候，你尤其要看淡些。

Cathy 擔任經理 Rose 兩年的助理，從她那裡得到不少好處，也學會了不少東西。兩人私底下感情非常好，可以姐妹相稱。但是 Cathy 仍然免不了當「替罪羊」的厄運。

某次，Rose 要和其他部門的兩位經理一起出差，叮囑 Cathy 預訂三張機票。Cathy 認為這是小事一樁，就交給新來的小助理去辦，給她一個鍛鍊的機會。小助理對 Cathy 說機票預訂好了。

可是，到了要出發的時候，機票卻沒拿到手。Cathy 追問小助理怎麼回事，小助理說，自己是在網站上預訂的機票，最後忘記確認，失效了。

Rose 和其他兩位經理的行程被迫延期一天，Rose 大為光火，把 Cathy 一頓批評。Cathy 實在委屈，卻有不能把過錯完全推給新人，只能自己扛下來。她挨完批評找個沒人的地方大哭了一場，覺得 Rose 姐實在太不顧及情面了，合作兩年，竟然為了「三張機票」臭罵自己一頓。經過幾天，Cathy 又想通了。確實是自己把事情搞砸的，她若是盯著新人操作，也許就不會出現這樣的紕漏。況且，這次出差不是 Rose 一個人，還涉及兩位其他部門的經理，Rose 一定顏面丟盡。Cathy 越想越自責，忍不住寫了一封電子郵件給出差在外的上司賠不是。讓 Cathy 感動的是，Rose 在回復郵件中向她道了歉，並且出差回來之後還帶了禮物給她。

很多上下級之間就是在這樣「吵吵鬧鬧」中增進感情的。我們常說，戀人之間總要吵幾次嘴、鬧幾次分手，才能建立牢固的感情基礎。上下級之間的關係跟這個很相似。發脾氣是人之常情，上司發脾氣更有他的「道理」——就算是他有仗勢欺人的嫌疑，下屬也需要適度遷就和妥協，這是身為下屬必須練就的基本功。

民國初年，著名的軍閥王懷慶考察下屬的重要指標之一就是看他能不能抗「罵」。王懷慶愛罵人，而且罵得超級難聽。他覺得，能夠被自己劈頭蓋臉罵一頓卻沒有怨言的人，才有可能成為自己的心腹。

應該慶幸，像王懷慶這種「軍閥」作風在當代企業中已經不多見了，管理者們或多或少都吸取了「人性化」管理的精髓，不會做出什麼太出格的事。

相應的，下屬們也應該鍛鍊一下自己的承受能力，不要動不動就把「自尊心」拿出來當做保護自己的工具。要是連幾句罵都受不住，上司還能指望你什麼呢？

多給出辦法，少提出問題

有一個玄妙的短語叫做「合理化建議」，意思很耐人尋味。所謂合理化，就是在建議的同時給出可行性強的解決方法。再說得直白一些，若是你本人也想不到很好的執行方法，乾脆就不要建議。否則，再多建議都是「不合理」的。

一位朋友在出版機構任職，要帶一個新人。那個新人剛剛大學畢業，毫無工作經驗，只有一份一流大學的畢業證書，和一份在校成績優異的履歷。

對於畢業生來說，這樣的「敲門磚」也還不錯。但是，他很快就暴露出一個菜鳥所具備的所有缺點，最顯著的一點就是「問題多」。按說，新人「勤學好問」不是壞事，麻煩就麻煩在，他提出的問題都不算「問題」，弄得我那位朋友頭疼不已，疲於解釋。

比如，新人上班第一天就問：「我們為什麼不能向某某那樣的知名作家約稿？如果能出版他的書，肯定暢銷的。」

朋友眼前一亮盯住他問：「難道你有門路可以約到他？」

「當然沒有啦，你們做老闆的可以約啊。」新人無辜地說。

朋友滿心沮喪，一臉苦相。誰都知道出版知名作家的書能夠暢銷，問題是你要約得到，你要付得起錢。

還有一次，新人問：「我們是不是應該出一些繪本類作品？現在市場上很流行這個，一定會有銷量的。」

朋友問：「你能約到合適的作者嗎？你對繪本市場瞭解多少？」

新人又無辜地說：「我還以為你們做老闆的會有資源。」

類似的情況幾乎每天都在發生。朋友向我抱怨說：「我還以為應徵到一個一流大學畢業的聰明下屬，沒想到招來一個異想天開的笨蛋！他不是來工作的，是來給我下命令的。」

他的話有點過激，卻是實情。

很多職場新人都會犯這種「說風涼話」的毛病。他很輕易就看出一些問題，以為自己發現了新大陸，立刻去上司那裡提出問題。可是他自己又完全沒有解決問題的能力，甚至一點思路都沒有。即便有，也是「想當然」地停留在表面，缺乏落實的可能性。

更麻煩的是，他把難題推給上司，上司解決不了。他又會認為上司「無能」，連這樣「淺顯」的問題都沒有對策，進而自命不凡，鄙視上司。

走到這一步，新人的職場生涯就很危險了。為了懸崖勒馬，職場新人應該記住這句話：多給出辦法，少提出問題。

老闆招聘員工的目的有兩個：一個是執行他的命令，一個是幫他解決問題。前者是對大多數員工的要求，後者往往是企業不惜重金招聘的人才。

職場新人犯的錯誤在於，自己原本屬於前一個陣營，偏偏認定自己是後一個陣營的。他不會反思自己的幼稚，卻責怪老闆「不是伯樂」。

在前面的例子裡，新人發現的「問題」其實是最顯而易見的問題，幾乎是所有出版機構都面臨的問題，任何一個老闆都知道簽約知名作家能夠帶來巨大的經濟效益，任何一個老闆都知道做出市場上流行的圖書能夠掙錢。

關鍵在於：如何落實？

如果你不能給出切實可行的解決方案，提出這樣的問題就等於給老闆找麻煩。用我那位朋友的話說就是：「老闆花錢找你來做事的，不是讓你來說三道四的。」

做為一個下屬，如果你確實想向上司反映問題，最好是用「給出解決方案」的方式，而不是用「羅列問題」的方式。

在你張嘴之前，需要把這個「問題」看得深入一點，看得長遠一點，預先有一個準備和方案，至少要拿出一個可行性較強的計畫出來。

比如前面的例子裡，如果那個新人認識某位著名作家，或者有較大把握聯繫到他，就可以對上司說：「針對這個問題，我有一個不太成熟的建議。我或許可以試著約見某某作家，希望您給予我某種支持。」這種支持可以是資金方面的，也可以是人脈方面的。在上司權衡之後，認為你的意見可行，就會全力支持你。這樣，你才有資格從「執行者」變成「智囊團」。

得罪了上司怎麼辦？

職場新鮮人最大的好處就是「無公害」，很少有人一進公司就成為上司的眼中釘。有了這個優勢，不要被上司嚇倒，即便得罪了他，主動化解矛盾就可以了。如果是職場「老人」，在某一件事上與上司發生了不愉快，也不要害怕，更不要逃避，積極解決坦誠相待，總好過讓小小的傷害醞釀成無法救治的頑疾。

麗莎剛剛大學畢業，進公司不久，工作做得還不錯，卻活活被「嚇」得辭職了。說起來，真不是什麼「天大」的事。麗莎為人快言快語，不瞭解辦公室政治，在茶餘飯後的閒談中免不了會說一些人的是非。這些是非有一部分是關於部門主管的。閒話傳到主管耳朵裡，他免不了會說些「同事之間要保持團結，不要閒談」等旁敲側擊的話。

事實上，大家心裡都很明白，這樣頭腦簡單的女孩對主管構不成什麼的威脅，主管是不屑跟她「鬥」的。可是麗莎的心理素質太差了，總是擔心會遭遇什麼「不測」。

好心的同事勸她：「找個機會跟主管吃頓飯，把話說開了就沒事了。實在不好意思的話，寫封郵件聯絡一下感情也是可以的。你是新人，這點錯誤不算什麼。」

不管同事如何勸解，這個小姑娘就是不好意思去找主管溝通，總是每天擔驚受怕，小心翼翼地做事。

忽然有一天，部門傳出「裁員」的風聲，頓時人心浮動。麗莎更加緊張了，覺得自己是主管「黑名單」上的人，肯定會被炒魷魚。與其被人趕走，倒不如自己識相主動離開，還留有幾分面子。於是，她遞上了辭呈，一走了之。

其實，裁員純粹是流言，部門形勢一片大好，還在忙著招新人進來。

上司和下屬每天共事，發生矛盾在所難免。之所以說「得罪上司」，完全是下屬的「客氣說法」，上司怎麼可能百分之百正確呢？矛盾的雙方都有責任。為了給上司一個台階下，做下屬的主動認錯道歉，也就大事化小，小事化了。

上司並不傻，自己犯了錯一般都能清醒地認識到。面對自己所犯的錯誤，有的上司做得比較好，會主動跟下屬道歉；有的上司死要面子，只等著下屬給自己搭台階。

摸清這樣的規律，做下屬的有必要主動與上司進行溝通。先不管是非對錯究竟在哪一方，從「等級」角度看，下級找上級溝通是不會有錯的。當面道歉，或者寫郵件道歉，都可行。「對不起」三個字先說出去，就走出了「化干戈為玉帛」的第一步。

這樣做，並不是因為你「錯」了，這只是一種「禮儀」，是下屬的本分。就算你百分之百有理，也需要擺明態度，主動跟上司消除隔閡。

這樣，上司才好意思開口。就算是再「蠻不講理」的上司，見到這麼「懂事」的下屬，也會「既往不咎」的。

不得不公道地說一句，很多時候，不是我們「主動」得罪上司，而是上司實在太可惡了。可是有什麼辦法呢？官大一級壓死人，他終究是老大。很多情況下，上司拍腦袋決策拍胸脯保證，出了問題，立刻拍屁股走人，讓做下屬的來收拾爛攤子。

這個時候，正是考驗下屬的關鍵時刻。有些人氣不過，不願意給上司背黑鍋，也就跟上司結下了「舊恨」，日後再遇到不愉快的事，矛盾激化，關係就很難收拾。

如果你「得罪」了上司，一定要考慮清楚，是不是要因為這一個人而放棄這份工作、這個企業。如果你捨不得這份來之不易的工作，那就需要彎腰低頭，主動跟上司和解。

評價上司要多「是」少「非」

不能搬弄是非，不能傳播小道消息，不能閉嘴不言，不能劇透……職場裡的話，說也不是，不說也不是。於是，有人總結出「萬全之策」：說就說好的，壞的輕輕掠過。這一點，在議論上司的時候尤為奏效。

現在職場中較為通行的績效考核方法就是三百六十度評估，企業從上到下都要經歷這樣的考核，每個員工都要對被考評者發表意見，對於企業高階也不例外。

如果有人問你對上司的「評價」是怎樣的，你該怎麼說呢？

我見過那種實事求是的人，非常客觀、非常具體地把上司的好與壞做一番「量化」，細數上司的功過榮辱，那樣子就像是：「我心裡早就準備了一個帳本，就等這時候秋後算帳呢！」

當然了，評估的具體情況對被評估者是保密的，上司不會知道究竟是誰在背後跟他玩「騎驢看帳本」的遊戲。但是上司的心裡也會清楚明瞭地記上一筆：部門有「帳」要查。

往往經過一番考核之後，部門內部都會有規模不等的「清洗」運動。上司往往認準一個道理：「手腕不狠，地位不穩。」如果不查出誰在背後說他壞話，這個團隊的「害群之馬」就會愈加放肆，早晚成為他的心腹大患。

文娟是一家大型企業的企劃部經理，她就曾坦言：「對於剛進來的新人，首先要查清底細，找到軟肋，打壓一番，讓他徹底歸隊，否則，日後不好管！」這是一個管理者鐵腕政策的典型。

不能怪她面善心狠，實在是被人「害」過。某次，她被企業副總找去談話，問及「回扣」問題。這麼敏感的問題當然不能承認，可是副總擺出一副「證據確鑿」的面孔說，你手下的人已經「招」了。

幸好文娟嘴硬，才躲過一劫。翻過這一頁，她迅速在部門內部逐個「調查」，就像工兵排地雷一樣仔細，認認真真把角角落落都查了一遍，終於揪出一個藏得很好的「間諜」。

其實，這個人倒也不是存心要搬倒她，只是腦子比較笨，上司問話的時候，他沒有過多想後果，隨口就把自己部門經理偶爾「吃回扣」的問題說了出來。這樣不經意的一句話，險些讓文娟從經理的位子上跌下來。

之所以講這個故事，是想跟廣大職場人說，在評價上司的時候，一定要想清楚。上司的「是」給你帶來多少好處，「非」給你帶來多少壞處？

有一些上司，可能做事風格比較強硬，給下屬帶來壓迫感，但是他能帶出高水準的隊伍，讓整個團隊戰鬥力增強，收益翻倍。你就不能把這做為「非」來評價他。

還有一些上司，能力或許欠缺，但是能夠用其他方法為團隊創收。他們在企業老闆那裡比較吃得開，能為部門爭取很多優質資源。你也不能把這做為「非」來武斷評論。

只有你還想在這個部門長期做下去，就要在評價上司的時候三思而後行，儘量說「好話」，誇大好處，避免說「短處」。一定要「揭短」的話，也要找那些不觸及原則問題、無傷大雅、不侵害切身利益的缺點簡單說一說即可。

低頭並不是認輸

在職場裡，「低頭」是一種心態，更是一種智慧。把自己放在一個「低」的位置，是為了有朝一日高高跳起。

上司愛面子，下屬也愛面子，當雙方的面子「衝突」的時候，讓步的當然是下屬。沒有辦法，這就是等級。明知道此處限高，不低頭是過不去的，但仍要強行挺胸抬頭而過，結局一定很慘。在上司面前低頭，並不意味著自卑，而是一種謙虛謹慎，逞強死要面子活受罪的人才是傻瓜。

近代史上，太平天國起義席捲中國，最終被曾國藩帶領的湘軍鎮壓下去。然而，湘軍剛剛攻破天京，就有人在「大老闆」慈禧那裡煽風點火，說曾國藩擁兵自重要造反了。面對這樣的「誣陷」，有人覺得這是逼上梁山，曾國藩乾脆反了算了。但是，曾國藩沒有這麼做，他周全了「大老闆」的面子，主動提出裁軍的請求，把自己一手帶出來的團隊削減了一大半，證明自己的「清白」。

主動低頭換來的是「安寧」。慈禧太后十分高興，對曾國藩大加獎賞，讓他安安穩穩回去做了個兩江總督。

中興名臣曾國藩尚且選擇「低頭」，我們這些職場中的「小卒」焉能死要面子而丟掉飯碗呢？

既然承認他是「上司」，就是承認了他「在上」的地位。司者，主管、操作之意也。他在上面掌管一切，做下屬的需要學著「低頭」。低頭不是卑躬屈膝，不是趨炎附勢，而是一種保全自我的手段。

上司縱然有上司的錯處，下屬總要先盡到自己的本分。學著在上司面前低頭，可以帶來幾點好處：

1.和上司保持和諧一致的親密關係。這個很容易理解了，哪個上司會討厭「逆來順受」的下屬呢。你可以用「服軟」的方式先穩住他。

2.減輕自己肩頭的責任。反正在上司面前你是「無能」的下屬，所以，出了什麼問題，上司自己要扛著。記住，因為他是強勢好面子的上司，他在讓你服從的同時，就不會再向你求助了。出現問題的時候，大老闆會找他糾錯，下屬就輕鬆多了。

3.學到很多東西。在上司面前「矮一截」，可以激發上司的優越感和滿足感，他高興起來會向你傳授很多「私藏祕笈」。比如，你做錯了一件事，拿出很好的認錯態度，他一高興，說不定就會告訴你一些具體做法，讓你大開眼界。

職場往往是這樣，「上」面的人都要活在聚光燈下、舞台中央，要搶更多的風頭，要有更多的光彩和面子。做下屬的，只要滿足上司的這些願望，基本上就可以安身立命。

上司往往有「三怕」：一怕下屬吃裡爬外、背叛自己；二怕下屬太過醒目、被人挖走；三怕下屬功高震主，影響力超過他。一個懂得適時低頭的下屬，可以在很大程度上減輕上司的懷疑，給他安全感，也就贏得了更大的信任。

服飾要比上司次一等

若是上司粗心大意不太注重「外在」，做下屬的就不要過分強調自己的外在，以免被「實際派」輕視。若是上司對這些細節非常重視，做下屬的就萬萬不可馬虎，不但要在服飾的品質上花心思，還要考慮到等級因素，適當降低自己的標準，以免招來嫉妒。

跟上司相處，最大的忌諱之一是在他的面前炫耀。

通常來說，女性的虛榮心要強一些，買了好的鞋子包包或者裙子什麼的，往往忍不住到辦公室裡炫耀一下。這無可厚非，但是太強調這些的話，就會給上司留下不好的印象。

若是這樣的女下屬遇到強勢女上司，「罪狀」就更多了。

晶晶大學畢業之後就任於一家房地產公司做助理，上司是一個三十七歲的女人，未婚，甚至沒有公開的男友。這位女上司終日不苟言笑，穿著非常拘謹古板。仔細觀察的話，她穿的確實是貨真價實香奈兒等職業女裝，可是衣服到了她的身上總好像沒那價值。

偏偏晶晶是出了名的愛美之人，在學校裡就狠命追著名牌跑。看到自己的女上司如此不懂穿衣之道，就忍不住去提「寶貴」建議。但她很快意識到，女上司看她的眼神非常凌厲。晶晶覺得不妙，立刻跟她保持距離，不管她穿什麼衣服、搭配得多麼不講究，她再也不敢提意見了。

女性可能在服飾上比較敏感一些，而男性對這些並不十分感冒，但是具體到打火機、手錶、鋼筆、皮鞋、錢包這種小配飾上，還是要注意一些為好。

我遇到過一位小弟，手腕上總帶著一串暗紅色的佛珠，逢人就說此珠如何珍貴、某位高人開過光等等。且不說他那張稚嫩的臉蛋和辦公室裝扮跟這串佛珠很不搭配，那種說話的腔調就讓人很不舒服。

還好，老闆沒有對他的佛珠表現「過分」的不滿，但是話裡話外也會敲敲打打提醒他這種「靈物」應該如何保養等等，建議他不要在辦公室裡這麼高調了。

再舉個小小的例子。如果部門裡的男同事都喜歡吸煙，上司吸的香煙比較便宜，那麼下屬就不要在他面前舉著價錢貴好幾倍的香煙指手畫腳。即便你有更好的香煙，也要笑嘻嘻對上司說：「我從某處得到一包這樣的香煙，您要不試試？」這樣一謙讓，既禮貌，又沒有擺闊的嫌疑。

某次，部門裡的幾個人一起到吸煙區吸煙，一個新人隨手拿出打火機來給上司點煙。那上司是個內行，一眼就認出那個打火機價格不菲，於是笑著誇了一句。那新人沒多想，就順口說：「過生日的時候女朋友送的。」這下好了，大家都知道他找了個「有錢」的女朋友。

這些看似零碎的小事，都可能影響上下級關係、影響一個人在部門的形象。

職場人要切忌，儘量不要在上司面前顯貴，他會真的以為你很「貴」。想想看，如果你手頭拮据，怎麼會一年到頭新衣服不斷，從頭到腳都是名牌？你說是老爸給的，他會以為你「啃老」，鄙視你；你說是朋友給的，他又會質疑你的交友圈子；你說是自己買的，他會覺得你的薪水太高了，不用給你加薪了。所以，到了職場，在衣著配飾方面就隨意吧。記住「得體」兩個字，不要低於環境的平均水準，那是不職業不禮貌；也不要高出身邊人太多，那就是「找死」了。

不要在新上司面前說舊上司壞話

舊上司對你有提拔之功、知遇之恩。即使不念及這些，也不要做賣舊主求新榮的傻事。那樣既讓你在舊上司面前無言以對，又先一步喪失了新上司的信任。學著沉澱過往經歷，是職場人城府加深的必經過程。

看《水滸傳》的時候，印象比較深的是「林沖水寨大拼火，晁蓋梁山小奪泊」。原本那梁山是白衣秀才王倫做大老闆，跟他一起「創業」的杜遷、宋萬、朱貴依次排第二、第三和第四。

後來，林沖和晁蓋等人先後入夥，因看不慣王倫的嫉賢妒能就殺了他，取而代之。「元老級」的杜遷、宋萬、朱貴沒有多說一句話，老老實實就拜了新「老闆」，並且非常規矩地把自己的座次往後延伸至第九、第十和第十一位。

在後來的「公司運營」裡，這三個人基本上就是跑龍套了，除了朱貴做聯絡員負責情報工作，身分較為重要，杜遷、宋萬兩個幾乎沒什麼露面的機會。即便如此，他們也沒有說過半個不字。不管是跟著晁蓋，還是跟著宋江，都會分得清眉眼高低，絕口不提王倫的舊事。

江湖規矩跟職場規矩是相通的。不要為了討好新上司，就說舊上司的壞話，否則，新上司會推己及人地想：既然你能說他，轉回頭來就會說我，此人不可深信。

「信任」在管理學中是個大學問，上級對下級建立信任感是非常難的一件事。管理者所在的層次越高，肩負的責任越大，他也就越難相信別人，更別提完全的信任了。

下屬想獲得上司的信任，少說多做尤為重要。做事是可以量化評價結果的，看得到結果，老闆對你的信任也會以此來打分，至少對你的能力有個清楚的認知。

在人品方面，則需要長時間的觀察和考驗了。這主要就體現在你平日的言談舉止中。若是你說前任上司的壞話，現任上司會迅速對你生出警惕之心，他會懷疑你透過貶低前任來討好現任，甚至懷疑你透過出賣前任來鞏固自己現在的地位。

這是上級考察下屬人品時重要的標準。某次，部門易主，原來的李經理另謀高就，接受部門的是一位看上去很具親和力的裴經理。裴經理一上任就「宴請」諸位新下屬，酒過三巡，菜過五味，大家喝得臉紅心熱，就開始表忠心獻忠誠。一個年輕人激動地說：「裴經理您真和氣，以前的李經理從來不組織這樣的聚會，今天玩得真開心。」

裴經理看上去像是喝多了，其實心裡明鏡一樣，幾乎記得每個人說得每句話。這句話自然也沒有漏掉。他由此得到很多資訊，如：部門溝通太少，凝聚力不強，人心懶散，缺乏有組織能力的骨幹成員等等。他當然特別「關注」了那個年輕人，先入為主的印象作怪，覺得他是個太貪玩、缺乏工作沉溺的人，自然很長時間內都不會重用他了。

部門易主是組織的大事，部門越大，人事變動牽扯到的越多。不在新上司面前說舊上司的壞話，一方面是不讓新上司懷疑自己，另一方面，是防止壞話傳到舊上司那裡。

我們應該明白一個道理，職場圈子並不大，當你固定混跡一個行業的時候，與裡面的人總是低頭不見抬頭見的。你的前任上司，說不定哪天又會「轉」回來，或者，你跳槽到另一家企業時，發現應徵你的正是你的前任上司。

在「前任」離任之後保持對他起碼的恭敬，也是為自己留一條穩妥的去路。

偶爾請上司喝喝酒談談心

與上司喝酒不同於部門集體喝酒，更不同於與客戶喝酒應酬。在上下級之間的小規模酒局是為聯絡感情而設，上司肯喝，就表明對你有好感。若是上司不肯赴宴，你要多花心思反省自己「差」在哪裡了。

酒桌永遠都是聯絡感情的陣地，不但很多生意要在酒桌上靠酒杯落實，很多關係也是靠杯中之物聯繫的。

上下級之間、兄弟之間感情深不深，看喝酒的狀態就知道了。所以，想向上司表忠心，不妨約個合適的時間喝喝酒談談心。

看過一個笑話，大致是說，下屬想約上司喝酒，而上司為了「避嫌」，總是推拖。但是下屬總有各種理由邀約。某天下雨，他就對上司說，天氣潮濕，喝點白酒去去寒氣，上司於是應允；某天悶熱，他就對上司說，天熱難耐，喝杯啤酒消消暑氣，上司又應允；上司久坐頸椎腰椎都在痛，下級又會樂顛顛跑來說，來杯藥酒補一補，上司慨然應允。於是，上下級關係就在這之中越來越親密，上司認為自己有這樣一個「貼心」下屬實屬幸運。雖然是個笑話，卻有極深的智慧，令一般職場人自嘆不如。

就像一句酒桌話說的：「酒杯一撞，舊仇全忘。」上下級之間有什麼小矛盾小誤解，平時沒有機會解釋，或者不好意思解釋的，酒杯一碰就一筆勾銷了。

最妙的是，你不僅可以跟上司拉近關係，還可以藉機學到很多寶貴經驗。有些話，辦公室裡不方便講，會議上不適合講，人多的時候沒法講，但是，兩三個人的「酒局」裡，就可以當做下酒菜，一句句品味。有些上司的話就像陳年佳釀，越品越有滋味。

當然了，跟上司聯絡感情，自然「感情」為上，不要拼酒量，要拖時間。喝上二十分鐘就無話可說，那下次再也別想做東了。

工作上的難題，你都可以藉機拿出來，當成佐餐的小點心。我們不是一再說「偷師」嗎，這就是個絕佳的偷師機會。為什麼上司都愛「研究問題」，研究，就是「煙酒」，手邊有煙，嘴邊有酒，話匣子很容易就打開了。很多在辦公室裡守口如瓶的上司，在跟心腹下屬喝酒的時候就會變成酒後吐真言——當然了，太超過的話他不會講，但是很多「深層次」話題是會透露一些的。

需要謹慎的是，你把上司約出來，為的是讓上司多說，你少說。千萬不要上司沒醉你自己先暈了，反倒說出一些讓他心生疑慮的話。有一些「發酒瘋」的話，很容易酒後失態從嘴邊流出來，我記錄一些，你一一對照，有則改之無則加勉：

1、酒過三巡就批評公司的運營方針或某個特定的任務。

2、滿腹牢騷地訴說對某位同事的不滿。

3、要求升職加薪（上司會以為你在行賄）。

4、喝醉後沒有酒品，做出哭鬧吵架隨地亂吐的失禮行為。

千萬要記住，高品質的「酒鬼」總會給自己留後路。不管你酒量是半斤還是八兩，總要比上司清醒三分。他說喝多了，你就得趕緊遞上一碗醒酒湯；他說喝難受了，你就立刻叫計程車周到地送他回家。千萬不要上司沒倒，你自己反倒喝個爛醉甚至吐他一身。

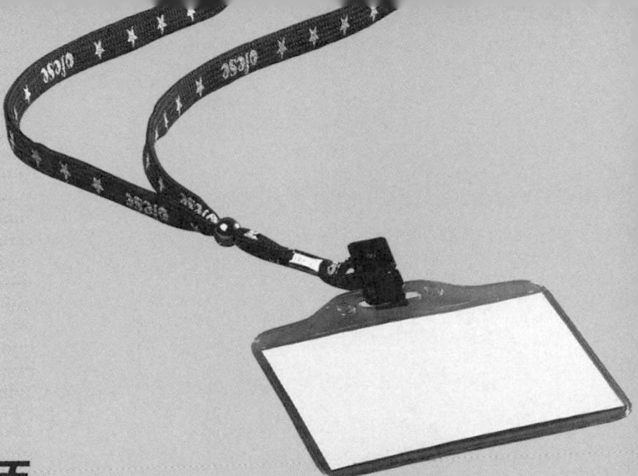

第六章

軟硬兼顧
可方可圓才能升職加薪

每個人都嚮往升職加薪，但能夠實現願望的人總是少數，這是因為大多數人尚未悟出其中玄機。

升職加薪的人需要具備軟硬兩種實力。軟實力是指可上可下、左右逢源的人際關係能力，硬實力是指獨當一面的業務能力。

做事要「方」有原則，做人要「圓」有手段，申請加薪也好，申請升職也罷，都能找對人、找對時機、找對方法。

此外，還要拿出「熬」的精神來認真鋪墊晉升這條路，職場人的偉大是「熬」出來的。

晉升要具備軟硬兩種實力

職場晉升需要硬軟兩種實力，二者缺一不可。甚至很多時候，軟實力更能決定輸贏勝負。所以，職場人在晉升不順利的時候，一方面要檢討自己做事能力，另一方面要檢討自己做人能力。

在職場裡，我們評論一個人的能力怎麼樣，主要包含兩個方面：硬實力和軟實力。硬實力側重業務技能這一方面，指ＩＱ；軟實力，側重於人際關係這一方面，指ＥＱ。

不光是職場新人認識不到這一點，很多工作了三、五年的人還是悟不透這個道理。有些職場人過多地在自己的「硬實力」上面下功夫，進公司時強調自己的專業課成績考了多少分，手裡有多少證書和獎狀等等。工作一、兩年之後，還在思考考取各種證書、證照。

手裡證書多一些當然有好處，但是，千萬不要把自己做成一個「職場漢堡」。

我們都知道漢堡好吃，卻也知道漢堡沒什麼實在營養價值。職場漢堡，就是指那些看起來光鮮亮麗、有很多證書妝點自己，卻在職場中屢戰屢敗得不到理想職位和薪金的人。

這些「漢堡」們有一定的專業技能，完全能夠勝任基本崗位的工作，卻總是無法突破瓶頸，得不到更高的發展舞台。這就是缺乏「軟實力」造成的。

軟實力，說得直白些，就是做人的能力。在業務技能上，大家是不會拉開太明顯的檔次的，職場中人跟人的差距很多就體現在軟實力的較量上。

我的表弟，大學畢業之後讀了五年碩博連讀，畢業之後擠破頭才進入一家科學研究機構，結果還是很不如意。

他總是抱怨說：「好的研究專案總是輪不到我，出國做訪問的機會總是輪不到我……」

我說：「你應該花一點時間和上司溝通一下感情才對。」

他一臉惱怒：「我一心一意努力工作，哪有時間和精力搞辦公室政治那一套？」

我無語，只好送他一串省略號。

科學研究偏重「技術活」，是考驗「硬實力」的，這類人也最容易忽視「軟實力」。很多初入職場的年輕人就是這種思路，好像送禮、問好、鞠躬彎腰都是見不得人的勾當。這就是大錯特錯了。

當你還是一株小草的時候，就得學著彎腰，學著隨風倒。因為你沒有抗衡的資格。你必須借助比你強大的力量，幫你變強大。這也就是「好風憑藉力，送我上青雲」。即便你的本事再大，也終究是一個人，權力、資源都掌握在「上頭」手裡。如果你不懂得給自己找靠山，不懂得結交更有品質的關係網，你是很難熬出頭的——除非你是天才。可是，全人類的歷史上出過幾個天才？

如果我們多多留意，不難發現公司無論大小都會存在這樣一種人：他們的業務水準不一定特別突出，但是上司出席宴會或者參加應酬總喜歡把他們帶在身邊。通常這些人都跟酒樓的領班很熟，能訂到好的包廂；或者口才超凡，酒量一流；再或者很有喜劇天賦……只要場上有他，整個洽談的氣氛就能特別融洽。他們在這樣的場合裡基本上就是一針興奮劑，也是一枚開心果，誰不願意跟這樣的人打交道呢？

當你感慨職場前途渺茫的時候，不妨反省一下自己，是不夠「硬」還是不夠「軟」？如果問題出在後者，可以從三句話開始練起：謝謝你；請幫助我；我們一起加油吧。這三句話可以拉近你和其他人的距離。

除了嘴上會說，還要會「唱」、會「吃」、會「玩」。不要說你專注於工作沒工夫做這些，要知道，大多數人都喜歡唱歌、喜歡美食、喜歡享樂的。如果你想有個好人緣，就需要挪出一部分時間去研究這些大家都感興趣的話題。

進入職場了，就別一門心思攻技術啦——除非你心甘情願做一個坐冷板凳的技術人員。提高軟實力，多跟人交流，借助人脈讓自己走得更輕鬆些，何樂而不為。

要有獨當一面的業務能力

「業務專精」是任何潛規則都無法取代的硬性指標。沒了它，再多潛規則都不足以讓你「浮」到職場上層。所以，即便是在「圓形」職場裡，你還是要打造一把「利器」做為自己笑傲江湖的最佳武器。

相信很多人都迷戀過小說家柯南・道爾筆下的大偵探福爾摩斯。他曾說過這樣一段話：「我的知識就像我酒櫃裡的酒，雖然不多，也不名貴，但我知道它在哪，用時就能拿出來。而不像有的人，雖然酒櫃很大，酒很多，但雜亂無章，用時不知拿什麼。」

這段話是可以給職場人一些啟示。

很多年輕人從學校畢業出來時，腦子裡裝著各種學說、主義、流派，唯獨缺少了實用性的業務技能。年紀輕輕，知識面廣，好奇重，這是好事，但是進入職場之後，你必須要求自己有一技之長，能夠獨當一面。否則，你的職場前景是岌岌可危的。

在著名的日本松下電器公司貼著這樣的標語：「如果你有智慧，請你貢獻智慧；如果你沒有智慧，請你貢獻汗水；如果你兩樣都不貢獻，請你離開公司。」

這個標語的意思不難理解：你拿了公司的薪水，就請為公司貢獻腦力，或者體力；如果你什麼都做不來，那就走人吧。

我們強調職場人要有「軟硬」兩種實力，並且強調了軟實力的重要性，但是，最根本的，還是要有「硬實力」做根基。

這就好比一棵樹苗，想成為蒼天大樹，要有陽光雨露等多種因素共同作用，還要跟身邊其他的樹爭奪養分。然而，如果你自己沒有強大的根系，不能在土壤中吸收足夠的水分，外界因素再怎麼幫你也是無濟於事的。

業務能力，就是你這棵「職場幼苗」的根系，要在進入職場時就要重點培養它。

很多人進入職場之後抱怨，在學校裡學到的書本知識根本用不到，並以此為藉口遠離「專業」。殊不知，正是因為這種差異的存在才督促你進入職場後開始新一輪「補課」和「充電」的。

阿美在大學裡學習的是語言學，畢業之後卻做了汽車銷售，除了對汽車性能有所瞭解，對銷售的相關技能一竅不通，起點幾乎為「零」。但是她拿出小學生背課文的那種精神，苦練基本功。

她每天追在「明星銷售」的屁股後面詢問銷售技巧。無論是網上書店還是實體書店，只要能夠買得到的相關書籍，她都買來學習。

她對著鏡子練習微笑，笑得臉幾乎抽筋；她背各種汽車的配置、性能等知識背到走火入魔，說夢話的時候都在向人推薦汽車。她自己都記不清遭受了多少顧客的白眼、搞砸了多少次生意，但是她堅持做下來，理論聯繫實踐反覆地練，用了兩年的時間，就成了店裡的「王牌銷售」。

後來，她被提升為店經理，不用在前線賣車了，卻需要面對各種各樣的表格和資料。她是見到表格就頭痛欲裂的人，但是，沒有辦法，想做經理就得看表格。於是，她強迫自己去看、去適應，連吃飯、上廁所、睡前這些零星時間都用上，看得自己直犯噁心。但是她終於熟悉了報表，並且嫻熟地運用到工作當中。

有一次，阿美對我感慨地說：「入行初期，我幾乎一天看完一本『銷售祕笈』，但是真的把那些『祕笈』運用到嫻熟，卻花了我一年的時間。」

可見，擁有知識不等於擁有能力。職場是以結果定勝負、以成敗論英雄的，你只有幹出樣子才能證明你的實力有多硬。

我們常常把一個組織裡最能幹的人稱為「挑大樑」的。一間屋子沒有大樑就要塌，企業沒有「業務大樑」就會垮。所以，對於職場人來說，讓自己的專業能力達到「挑大樑」的水準，也就不愁晉升加薪了。

嘗試給自己做「三百六十度評估」

三百六十度是個圓，很難有人把自己看個周詳。做為職場人，只能努力接近三百六十度，時不時反問自己，哪裡還不夠圓滿，哪裡還不夠圓潤，哪裡可以修補。儘量把評估做得客觀實際，這樣有助於更加精準地定位自己，設計未來。

從英特爾公司開始，企業流行一種考核員工工作品質的新方法。在這項考核中，員工本人、員工的上司、員工下屬的以及同事顧客等，都要從各個角度來為這個員工打分。這就是著名的「三百六十度績效評估」。

在這項評估中，員工的「硬實力」和「軟實力」都盡可能地以量化的方式表現出來。他的業務素質、溝通技巧、人際關係、行政能力、管理能力等等都被評估出分數，各方面分數相加的結果，就是這個員工的「分值」。

人固然不能完全用分值來衡量，但這是職場中相對「科學」的一種做法了。然而，我這裡所講的「三百六十度評估」，跟這個原始的評估稍有不同。我們不要被動地等著公司來評估我們，而是主動自我評估。

在前文，我們提到過「犯錯筆記本」，也提到過「自我總結」和「自我反省」。嘗試給自己做三百六十度評估，就是綜合這幾點，定期對自己做一個量化的檢測，客觀地認識自己、評價自己，瞭解自己的長處和短處，方便自己更加準確地制定職業目標。

「你認為自己能，你就能」這樣的話，在詩人的口中喊出來是非常富有激情的，在學生們口中喊出來也是天真可愛的。但是做為職場人，盲目服從於這句話卻有點可悲了。

就算你有愚公移山的精神，最終會被一座座突如其來的大山嚇住。所以，建議職場人定期為自己做三百六十度評估，瞭解自己適合或不適合做什麼，避免在那些不必要的事情上消耗體力、腦力。

這裡講的三百六十度，主要包括：自己想做什麼（興趣），自己能做什麼（能力），自己適合做什麼（人格）。認清這三個方面，並把它們綜合起來考慮，就能更加精準地捕捉到你的職場座標，不會好高騖遠，也不會妄自菲薄。

人們總說「興趣是最好的老師」，這句話哄騙著很多人追隨自己的興趣前行，卻無法把它跟工作、事業聯繫起來，就是因為沒有考慮到後面兩個方面。

如果你渴望把興趣發展為職業，或者立足興趣選擇職場，必須要明白這樣一個道理：你的興趣能夠實踐、製造、產出，並且給你帶來效益。

倘若這份興趣帶給你的只是欣賞、激動、愉悅感，或者你有此而發的「產出」並不能給你帶來效益，那麼你就不能把它做為職業規劃的一部分。

打個比方，你很喜歡踢足球，腳法也不錯，除非你做職業球員以此為生，否則就不要把它跟職業混同起來。或者，你的身體狀況並不允許你踢球，你再喜歡也是徒勞。意識不到這一點，就會讓你在職業道路上走很多彎路。

我的一位同學進入大學後就讀生物系，每天在實驗室擺弄各種細菌，後來他一口氣讀完博士學位，繼續留在實驗室裡搞科學研究，跟細菌打交道。

我以為他很喜歡這份工作，但是他說：「Just a job。」一份工作而已。他很清醒，自己「能」做這個，自己坐得住，性格方面也很適合做這個。雖然說不上特別喜歡，但至少不太討厭。所以，他非常理智地在職業道路上走下去，做得相當不錯。

當然，很多人初入職場的時候並不知道自己喜歡做什麼，更不知道自己適合做什麼。這不是問題。很多人的職業軌跡是跳躍性的，專業學的是A，找工作時歪打誤撞做了B，然後轉行去做C，說不定到了最後一個階段才有自己的「圓滿」職業。

儘早給自己做三百六十度評估，也許沒有滿意的答案，卻能督促你認真思考、儘早找對方向。很多時候，成功就發生在你多想那麼一「度」的時候。

學會「量化」成績和不足

抽象地說「好」、「很好」、「非常好」是小兒科的做法，成熟的職場人必須學會量化，用直觀易懂的硬性例子為自己添分加碼，而不是用華而不實的片語做無力的申辯。

職場是追求利潤的場，老闆要求的是看得見摸得著的業績。如果你想升值加薪，就要用一種最為直觀的方式告訴他，你有業績，能夠幫他創造利潤。

怎樣證明給他這一點？簡單說，量化你的成績和不足。

我們常說「鐵證如山」，在職場裡，最好的「鐵證」莫過於數字。老闆關心企業利潤，是資料；關心銷售業績，是資料；關心成本控制，是資料；關心員工表現——最好也用資料呈現出來。這就構成了「量化管理」的最初理論模型。

現在，「量化管理」已經是許多大中型企業系統建立的重要組成部分之一。老闆佈置任務，要量化；下級回報工作，要量化。

我們常說的工作中的五個W，when（何時），who（何人），what（何時），where（何地），what（何事），都要儘量用數字的形式反映出來。這樣才能儘量減少詞義在傳達過程中造成差異而導致任務執行出現偏差。

舉個例子，你著急要把一份報告書拷貝幾份送到總裁辦公室去，這樣一件事中包括上述幾個因素。表述的時候，「我要儘快把這份報告書拷貝幾份送到總裁辦公室」就不夠精確，拷貝幾份，幾點送達，都沒有準確傳達出來。如果改成「我要把這份報告書拷貝五份，上午十點之前送到總裁辦公室」，就不會出現錯誤了。

這種量化概念要借鑒到我們的職場經驗中來，它的作用不可小覷，它可以把你的「功過」一覽無餘展現出來。當你向上司「邀功」、申請升職加薪的時候，這番功課非常奏效。

比如，很多員工在自我評價中會說自己「時間觀念強」。如何證明你的時間觀念強？你可以把公司的考勤記錄列印出來，證明自己從來沒有遲到早退。

再比如，你說自己「不怕加班，工作上進」，證據呢？最好的辦法還是從考勤記錄上找資料，將你早來晚走的時間都列入一張表格，甚至可以更精細一些，把加班的時間都算清楚，出示給上司看。上司就很難對你的「優異表現」視而不見了。

急於向上司邀功不是明智之舉，但是，當你把一張「量化」成績單發到上司郵箱裡的時候，他會對你連日的表現心中有「數」的，想不給你加薪都難。

當然了，量化成績有助於「邀功」，量化「不足」的部分是留給自己看的。把自己近期所犯的錯誤、出現的不足都詳細記錄下來，有助於鞭策自己前進。

例如，你可以記錄當月的銷售明星創下多少業績，你自己跟他做一個對比，看看為什麼會出現這樣的差距，你該如何趕上去。

即便你不能一步到位趕上銷售明星，也可以採取「分段目標」的方法，把差距逐漸縮小。假設你在一家汽車店做銷售，當月銷售明星賣掉一百輛車，你只賣掉五輛，你能不能做到下個月賣十輛，再下個月賣二十輛？用逐步加碼的方式給自己施加壓力，趕超先進，也是「量化管理」用在自我激勵中非常有效的方式。

自作主張就是自討苦吃

自作主張是與上司相處的大忌，即便是上司依賴你到了你不在他連電話都不會撥的程度，但他畢竟還是你的上司，用不著你來做主。

有位後輩工作不到一週就找我訴苦，說「做不下去了」。我問為什麼，她說，原本不是大事，可是被同事們一說，好像天大的事情一樣。

原來，這位後輩在一家廣告公司做文案工作，部門工作氣氛相對活躍，所以這位沒有心機的後輩進公司之後就沒把自己當外人看。

剛巧，在進公司的第三天，坐她不遠處的一個同事就離職了，座位空出來。那個位置上的顯示器是新換的二十四吋液晶顯示器，非常棒，而且那個位置在角落，正合她的心意。所以她想當然就帶著自己為數不多的「家當」坐了過去。

同事提醒她：「你怎麼可以擅自調座位呢？」她說：「反正這裡空著，我就坐過來了，我那台顯示器才二十二吋，這台好的沒人用豈不是浪費資源嘛。」剛巧這時部門主管進來，看到她這麼隨意就批評了她一通。後輩覺得委屈，又心有不甘，覺得他們是在「排擠新人」。

後來她才知道，有一位前輩早就瞄準這個位置了，卻被她搶先占了。她這麼一個細小的舉動既得罪了同事又給主管留下了「不守規矩」的壞印象。小後輩一下子就覺得自己的職場前途灰暗了。

職場中，像她這樣沒眼色的人可能不多，但是，自作主張的職場菜鳥肯定不少。後輩隨意換座位，頂多就是作風散漫，沒有造成利益損失；若是在關鍵性問題上出現「先斬後奏」的情況並且造成不良影響，就要吃不了兜著走了。

某位做銷售的仁兄奉命到某地開發五金市場，他是從最初的一線銷售員做起，業務能力沒得說，但是總有一點「追逐蠅頭小利」的後遺症。剛剛接手「大客戶」的任務，感覺很不適應。他到了當地瞭解了一下情況，覺得市場競爭比預期要激烈。於是，他擅自做主改變銷售策略，想先開拓一批小客戶，然後再逐漸向大客戶滲透。

三個月之後，大區經理到他所在的地區視察，他喜形於色，向經理說自己如何賣力，小客戶簽下多少訂單。經理突然打斷他的話說：「你還記得公司的銷售目標嗎？以這種烏龜爬行的速度，什麼時候能夠達到市場占有率10％的目標呢？」

一句話說得這位仁兄毫無反駁的餘地，差一點為自己的自作主張悔斷了腸子。

很多時候，上級要求下級及時彙報工作、行動之前多加請示，並不完全是「官僚主義」的作風使然。上級和下級之間存在一個資訊不對等的問題，上級手中握有更多資源和情報，他做出這項決議是有原因的。而下級不明白其中原因，理解不到上級的意圖，隨意更改行動或者自作主張的話，很可能影響到全盤計畫的實施。所以，多請示、多彙報還是有必要的。

行動之前向上級請示，還有一個好處，就是你能獲得較多的幫助和支持。上司會對你的工作進行指導，提醒你哪些是容易出現差錯的環節，這樣就會使你避免犯錯，至少可以減少失誤。

在職場中，每一次行動都是有成本的，做錯了事就會增加「沉沒成本」，這是「資本家」們最討厭的事。你小小的一次「冒進」或者「輕舉妄動」，說不定就讓老闆損失了很大的利潤、多掏了很多費用，他當然會「恨」你了。

聰明的職場人在做事之前都要積極跟上級溝通。哪怕上司罵你一句「這點小事都要問我」，也總好過事後他罵你「為什麼不提前跟我打招呼」。

記住，禮多人不怪，但是自作主張、先斬後奏可就罪加一等了。

申請升職要找準時機

在機制健全的企業裡，職位空缺往往是有規可循的。摸準這樣的規律，申請升職的成功率會高一些。此外，還有一些升職技巧需要職場人掌握，而不是一味靠蠻力去爭取。

職場人通常把加薪和升職放在一起「憧憬」，工作時間長了就會發現，加薪相對「容易」，升職要難多了。

這個道理不難懂，給員工加薪，對於老闆來說，多發一些錢就是了。而升職的情況大不相同，管理層的職位是有限的，與職位對應的權力也是優先的，老闆不能輕易把「尚方寶劍」交到一個人的手裡，需要用更長時間去考察他、打磨他。

員工向上司申請升職，就等於在向上司索要更多的權力。在職場這個「等級森嚴」的圈子裡，上司會對你的這個舉動有想法的。

「野心勃勃」無疑是他對你的第一個評價。在職場裡有一種病叫做「帕金森定律」，大概意思是說，管理者為了保護自己的權威不受到挑戰，更傾向於找「不如自己」的人做下屬，下屬又會找不如自己的人做下屬，以此類推，能力依次遞減。所以官僚體制很容易腐朽沒落。

當上司看到你這個「野心勃勃」的下屬冒出超越他的苗頭時，心裡肯定是很「不爽」的，因此，你的晉升要求很難一次到位地實現。

其次，上司還會揣度你有沒有「犯上作亂」的想法。中國古代社會中弒君篡位的故事太多了，所以，手握大權的人往往感到不安，權力越大，對身邊潛藏的威脅就越敏感。趙匡胤當了皇帝之後，之所以杯酒釋兵權，把跟他一同打江山的元老們都攆走，就是害怕這些人再用同樣的方法推翻他的統治。

再次，你的晉升要求可能打亂上司的某項計畫。比如，他已經有了中意的人選去坐某個位置，或者，他留著那個空位另有所圖。你去申請升職，攪亂了他的算盤，他也不會輕易答應你的請求。

綜合考慮上司的這些想法，你在申請升職的時候要找準時機。簡單概括，在以下幾種情況下，申請升職比較容易獲得肯定的回復。

1. 某個職位急缺人才

如果那個職位責任重大，卻沒有合適的人做事，上司會非常焦急。這個時候是下屬毛遂自薦的最佳時機。當然了，你要準備一份論據充足的個人履歷，說服上司你有足夠的能力勝任這份工作。

2. 工作任務艱鉅，比較難搞定

人們虎視眈眈的往往是那些收益大、權力大的職位，很少去選擇那些「燙手的山芋」。這樣的職位即便爭取過來，以後的工作也是困難重重。如果你有勇氣去申請這樣的職位，不妨試一試。說不定就是一個很好的鍛鍊機會，你可以當做跳板，換到更好的職位上去。

3. 組織內部出現劇烈變動

大到整個企業，小到你所在的部門，出現大的人事變動時，往往是上司們「拉幫結派」的時候。他們會在這樣的關鍵時期招兵買馬，儘量在重要職位上安插自己的親信。

你不妨盯準這樣的時機，多跟上司通通氣，站到他的隊伍裡，他提拔你的可能性就會大很多。

4. 有重量級的人物為你寫推薦信

如果你能找到一位分量夠重的管理者幫你寫推薦信就再好不過了。前提是，這位推薦人一定要跟你的上司有和諧的關係，至少不能有利益衝突，也不能有過節，否則可能會適得其反。讓他幫忙證明你的優秀，並從另外一個角度提醒你的上司，你的晉升能夠促成兩個部門更好的合作。這樣一來，你的升職把握就會更大一些。

其實，申請升職並不是多麼恐怖的事情，有相關調查顯示，80％的上司還是歡迎下屬申請升職的，只可惜他們的能力不足，或者申請的方式不恰當。

所以，在提出這一申請時，職場人應該掌握方式方法，不要打無準備之仗。你可以先對自己做一個初步的考評，問問自己：對申請的職位職責有全面的瞭解嗎？對即將承擔的責任有足夠的信心和耐力嗎？自己的性格適不適合做管理者帶領團隊做事情？這些也是上司經常詢問申請人的問題。提前想清楚，可以回答得更流暢，得到更高分。

上司的心情決定你的升遷概率

上司憑個人心情的變化來決定員工的前途固然不對，但是，他是上司，下屬沒有辦法。因此，你要伺機而動，看準上司心情好的時候提出升職的要求，這樣成功的機率才會更大些。

小說裡提及帝王情緒變化的時候常常會說「龍顏大怒」或者「龍顏大悅」。皇帝生氣的時候，所有的大臣都噤若寒蟬不敢吭氣（除了魏徵這種不怕死的人）；皇帝高興的時候，大臣們即使說一些平日不敢說的話，萬歲爺也不會翻臉。

這就是根據上司的心情提要求的典型例子。

不光是在官場上這樣，職場裡也該順著上司的心情好壞提要求。這是一個技巧性的問題。別說是上司了，就是孩子向媽媽要糖吃，偶爾也會因為媽媽心情不好而被拒絕。

想到這一層，我們這種「見風使舵」的做法也就無可厚非了。

Lauren 在外商做了兩年行政助理，一直渴望登上主管的「寶座」。她相信自己的能力已經足夠勝任這份工作了，於是向部門經理 Ella 提出了申請。可惜，經理一口回絕。

Lauren 非常鬱悶，認為 Ella 是故意排擠打壓她，於是跟友人訴苦。

友人提醒她說：「Ella 跟你隔著級別呢，沒有理由壓制你。或許是她心情不好。你想想看，她最近有沒有什麼不對的地方？」

Lauren 仔細想了想，好像 Ella 真的有一點點反常。這個女強人雖然平時也很嚴厲，但是最近的表情不光是嚴肅，還帶著點兒恨意，好像誰得罪她了似的。

後來，Lauren 偷著跟部門其他同事打聽了一下才知道，Ella 向公司高層申請了一個出國學習的機會，高層認為目前公司事情太多她不能走，這讓 Ella 頗有怨言，Lauren 也就跟著做了倒楣蛋。

過了一陣子，Lauren 覺得 Ells 的臉色好看多了，甚至露出了久違的笑容，又重新向她申請做主管。Ella 嘴上說再考慮考慮，沒過多久就批准了。

其實，不止 Ella 這樣，很多上司都會因為自己的情緒不好，導致「公私不分」。做下屬的摸準這個規律，不妨稍安勿躁，多多留心上司的喜怒哀樂，找準他心情好的時候提出升職要求。什麼時候上司心情好呢？

1.部門效益好，受到了上級的表彰。這無需多解釋了。你不妨在上司喜形於色的時候提出自己的升職要求。

2.你幫上司解決了一個大難題。這是一個證明你能力的絕佳機會，更是申請升職的好時機。但是千萬不要擺出一副「邀功」的姿態，越是有功，越要表現得低調，用商量的口吻問問上司，可不可以給你更多「學習鍛鍊」的機會。

3.上司休假歸來兩天之後。上司休假調整一番，回到崗位會有很多事情要處理，這是比較勞心費神的。這些堆積的瑣事可能會讓他有些許急躁。過個一兩天，把這些事情處理掉，他會再次回味假期的美好，心情會很好，你可以趁機提一下自己的要求。

當然，還有其他很多事情可以讓上司「龍顏大悅」，這就需要你多留心、多觀察了。說不定他得到了一件心儀已久的收藏品，也會激動得「犒賞三軍」，這個時候，你可以問問他，有沒有「收藏」一到合適的職位給你。

盡可能和上司的職場價值觀保持一致

除去大是大非的原則性問題，很多分歧是可以忽略不計的。身為下屬，要努力調適自己的「柔韌度」，儘量和上司的職場價值觀保持一致，從他的角度思考問題。只有建立起這樣的一致性，才能達到步調一致。

職場是一個追求利潤的場所，但這並不說明利潤是所有上司的「唯一」目的。很多企業的高級管理者們在利潤之外都有更高的目標追求。

做為職場人，除了跟自己的上司做好積極互動之外，還應該更進一步瞭解上司的「職場價值觀」是什麼。他對目前所在的公司抱有怎樣的態度？他對目前從事的行業有怎樣的期待？他個人有怎麼樣的職業規劃？他的事業終極目標是什麼？

身為下屬，如果能夠透過日常觀察和溝通，瞭解到上司的這些想法，並且跟他保持一致的價值觀，會形成默契的互動，也會更容易得到他的賞識和提拔。

當然了，這樣說的含義有兩種。

1. 你認可上司的價值觀，就像所有歸順梁山的好漢都認可「替天行道」一樣。

2. 你修正自己的價值觀向上司看齊，願意「嫁雞隨雞，嫁狗隨狗」。

如果是第一種情況，自然皆大歡喜。倘若遇到第二種情況，你會覺得很難受。這時你就需要思考，自己和上司的差異究竟在哪裡，是原則性的，還是什麼。你們之間的差異是眼前地位差異造成的，還是根本就南轅北轍。

陳健柏研究生畢業之後進入了一家食品公司工作，職責是開發新的保健食品。這份工作跟他的專業密切相關，而且他十分有興趣去做。

可是，工作了一段時間，他發現一個重大問題，就是部門在新產品開發過程中存在嚴重的違規現象，材料來源和製作方法都非常不科學，甚至有「以假亂真」的事情發生。這是職業道德堅決不允許的。

陳健柏找了一個機會，委婉地提出了自己的質疑。部門上司解釋說：「這是我們降低成本的方式之一……」陳健柏明白了，這家企業是允許「歪門邪道」的。雖然部門主管給予他非常高的薪水待遇，他還是毅然離開了那家企業，並且很快找到了滿意的工作。

當然，沒過多久，這家企業的內幕就被媒體曝光，陳健柏很慶幸自己做了明智的選擇。這就是價值觀發生本質性分歧了，是不容調和的。在這樣的上司手下做事無異於在一條歪歪曲曲的小路上摸黑做事，很容易走上歧途。最好的辦法，就是要儘早棄暗投明。

如果上下級之間不是存在這種大是大非的分歧，下屬最好試著調整自己的心態，跟上上司的節奏。只有你們價值觀一致時，他才會重點考慮提拔你做他的「心腹」。

上司們關注的方向是不同的，有的人只愛錢，有的人只愛權，有的人只求出名，有的人渴望更高層次的「意義」。身為下屬，你跟上司的價值觀相差多少？可否保持一致？若不一致可否調整？這是策略性問題，應該儘早想明白，否則可能會成為阻礙你晉升的重要因素。

甘做第二的人好升遷

演戲要有「配角」，很多一把手的成功都是靠二把手默默扶植幫襯。在你有能力成為一把手之前，盡職盡責做好二把手的工作是非常重要的。

讓上司提拔，遠遠好於「幹掉」上司自己上位。後者代價太大，且易「短命」。

許維芸在銷售部做了三年，離社區經理的位置越來越近了，能夠跟她競爭這個位置的只有一個人，就是董自強。這個二選一的決定權掌握在大區經理陳和昆手上。

二人都是陳和昆的愛將，從能力上講，許維芸更強一些。但是陳和昆覺得，許維芸有一點過於「強勢」。她在銷售部做了三年，有非常牢固的群眾基礎，她早就充足了勁要當分區經理，有一種不達目的不甘休的精神。

而董自強呢，好像知道自己能力不如許維芸似的，總是露出一種謙卑的樣子，表現得十分低調。這讓陳和昆忍不住想拉他一把。

陳和昆找到HR經理商量，他給陳和昆出主意說：「找那個好管的！」陳和昆明白，人事經理是為自己著想。許維芸那樣的人一旦成為分區經理，下一個目標肯定是大區經理，說不定就會上演一齣「奪宮」大戲，見縫插針地搶了陳和昆自己的位置。

打定主意，陳和昆提拔了董自強，鞏固了自己的「後方」。當許維芸找他理論的時候，他找了一個似是而非的理由說：「你年紀不小啦，很快要生孩子了，分區經理的擔子不輕，交給你恐怕會影響你的個人生活。」

如果許維芸在平時表現得再低調一些，不要把「我要當經理」的話明明白白掛在臉上，就不會因為「生」耽誤「升」了。

部門老大當然只有一個，大家都爭著做老大，豈不亂了章法。那個已經坐到老大位置上的人，從上任第一天起就開始思考：誰能接我的班？

這就涉及到「接班人」培養的問題，也就是俗稱的「梯隊建設」。隊伍總是要不斷壯大的，年輕人提拔上來，經驗豐富的人往上走。老上司離開的時候會提拔誰「補缺」呢？當然是野心較小，懂得掩蓋鋒芒的那一個。

換句話說，甘做第二的那個人更容易升遷。

不要小看了那個屈居第二的人，他承受的壓力絲毫不遜於一把手。事實上，很多具體的工作都是二把手在做，真的做了一把手的人，只要運籌帷幄發佈命令就行了。二把手既要頂住來自一把手的壓力，把一把手的指令傳達給下面的人，又要把下面的資訊如實回饋給一把手，真正是「承上啟下」的「雙面膠」。

在這樣位置上的人，通常具有很好的耐心，抗壓能力強，協調能力強，既有業務上的專長，又有很強的管理能力。因為跟一把手磨合了久了，形成了默契，所以在做事風格上也跟一把手有相通之處。當一把手高升的時候，很願意把他提拔上來，繼續做自己的心腹。

升職的人往往是「扮豬吃老虎」

那些在你耳邊唱「反動歌曲」的人，很可能是根正苗紅的人。所以，不要輕易相信別人說的不思進取之類的話。那些扮豬吃虎的人無非是想麻痺你，讓你放鬆警惕、主動落後。

身邊有這樣的「豬」，你要多加留神才好。

小時候我最「痛恨」的小夥伴有兩個，姑且稱之為A和B。

某次考試之前，A跟我說：「我準備得不夠充分，肯定會不及格的。」我說：「沒關係的，我也沒有好好復習，估計我們兩個要做伴了。」可是考試結果公佈之後，A考了全班第一名。

某次冬季長跑時，B跑在我身邊，氣喘吁吁對我說：「天這麼冷，我肯定堅持不下來。」我說：「別怕，我們兩個一起跑。」可是過了沒多久，B就果斷超越了我。

我對這兩個人深惡痛絕，發誓一輩子不理他們。

當然了，這都是兒時的小趣事，不值得計較。可是工作之後，我發現A和B這樣的人到處都是。

有人說：「這個月任務好重啊，達不到了。」但是他業績最好。

有人說：「某某老闆太討厭了，我不想理他。」結果他與那位老闆走得最近。

有人說：「那位客戶太難搞定，我要放棄了。」最終他會興高采烈地拿著訂單回來，全然忘記以前的牢騷和抱怨。

還會有人說：「我是沒什麼大追求啦，混混日子拿薪水就可以啦。」可是沒過多久，他呼地一下就升職加薪了，甚至跳槽到了新的公司，有了更高職位更多薪水。

你不能黑著臉揪住他，罵他出爾反爾，人家努力工作沒有什麼不對嘛。你只能感慨，人家有心計、有心力。這樣的人就像那湖面上游水的鴨子一樣，水面上的氣清神閒，而水面下的兩隻腳卻在狠命划水。

這叫「人前顯貴，背後受罪」，也叫「扮豬吃老虎」。相信我，在職場中升遷快的人，往往是這樣的人。就好像長跑比賽中，你不能在起跑時就衝到第一，那樣會成為別人的標竿，人家都憋足勁趕超你，等你沒力氣了，一下子就會被甩到後面。

若是你想升職，就要學會不動聲色。把手頭工作做好，把人際關係打點好，野心不要顯露出來，尤其不要在上司面前表現得太積極。最好是學會「裝乖」，哪怕愚一些，也不要鋒芒畢露，成為上司的眼中釘。

至於在同事面前，更不要每天把升職加薪的事掛在嘴邊，也不要說「我沒追求」之類的空話。心裡有數，嘴上無聲，這是最好的策略。

古人有云：「胸有激雷而面如平湖者，可拜上將軍。」這恰恰是「扮豬吃虎」的意思。

越級上報會成為你的致命死因

在職場裡為自己找一座「靠山」固然不錯，卻萬萬不可透過「越級上報」這樣的「非禮舉動」去討好大老闆。這麼做，很可能讓你在上司面前很難看，也在大老闆面前成為不安分的人。

在明朝後期的歷史上，有一位名叫楊繼盛的官員被後人給予了很高的評價。因為他敢「頂風作案」，在奸相嚴嵩權傾朝野的時候跑到皇帝那裡告狀，控訴嚴嵩「五奸十大罪」，最終蒙冤入獄，慘遭陷害。

從道德角度來講，楊繼盛的做法可歌可泣。從功利角度來講，楊繼盛就是犯了「越級申訴」的職場大忌，導致自己前途盡失。

我們不去評判楊繼盛，只是從這個故事看一下「越級」這件事。這是典型的「潛規則」，制度上提倡，實際上忌諱，真是害人不淺。

在人性化管理的大背景下，幾乎所有的企業都在宣導「溝通」，內部有論壇大家可以發帖暢所欲言，也可以直接找老闆約時間面談，甚至還有老式的「意見箱」供大家投遞紙條或者信件……從制度上看，企業裡好像真的是「百花齊放，百家爭鳴」。

可是事實上，有很多言論管道並不暢通。你跟直屬上司溝通是好的，若是直接跑到上司的上司那裡反映問題、徵求意見，你就真的碰到「暗礁」了。

第一個對你不滿的，當然是你的直屬上司。這不是擺明你不把他放在眼裡嗎？難道你要搶走他的位置？難道你要跟他爭寵？難道你光天化日之下就想攀高枝單飛？一旦被上司發現你有越級現象，他會第一時間把你拉入「不信任」的黑名單。

第二個對你有看法的，會是那位大老闆。你的越級行為是在向他傳遞三個信號：這個員工有點天真，不懂得職場權力金字塔的等級規則；這個員工有點愚，找不到跟上司溝通的有效方式，只好去高層告狀；這個員工太危險，動不動就找自己上司的麻煩，會不會某一天直接威脅到大老闆的「統治地位」呢？

跑來跑去，最後你落得個「兩面不是人」。

某次，一位新入職場的小弟向我訴苦，說自己的上司「翻臉不認人」。我問他具體原因，他說：「是他讓我積極向組織靠近，多跟上司溝通的。所以，我在電梯裡遇到了公司的大老闆，就跟他攀談了幾句，聊得還挺愉快，出了電梯還在聊，正巧被我上司看到。他滿臉不高興，批評我不好好工作到處『閒逛』。」

如果站在那位上司的位置上想想就明白了。他熬了多少年，也不見得跟公司的大老闆有多深的交情；而這位剛進公司的小職員就有說有笑跟大老闆邊走邊聊，這還了得？萬一小職員憑著一面之緣「魚躍龍門」，那位上司豈能嚥下這口氣。

我勸那位小弟說：「找個機會跟你的上司稍稍提一下，你跟大老闆僅僅是閒聊，跟工作無關。」這就表明了你不是在攀高枝趕超他，讓他有安全感。

既然公司管理層從上到下都不願意「越級」，為什麼還擬定一個「越級報告」的制度呢。這個制度主要是嚇唬人用的，意在提醒那些管理者們「慎獨」，意思就是：不要太過分，員工是有權利揭發你們的！

掌握跟上司談「薪」的要領

跟老闆「談薪」要注意要領，既不能膽怯，也不能吵架，要做到有理有據、不卑不亢。既向他展示你的「硬實力」，也讓他看到你的「軟實力」。如果你的成績做出來了，而老闆又強行壓制你的薪水，那就要另投明主了。

前文說過，勞動力是一種商品，我們把自己「賣」給了老闆。所以，我們要學著提高自己的身價，在老闆給出的薪金基礎上討價還價。

正常來說，正規企業裡每年（或者階段性地）會有制度性加薪。但是如果你覺得自己表現突出，應該格外嘉獎，就要大膽提出來。別天真地等著老闆叫你「我給你加薪吧」，時機成熟的話，不妨自己抬高身價。

王禹文第一份工作就是在某企業的刊物部做編輯，一連做了三年。起初，他覺得自己的待遇尚可，而且身為新人，沒有資歷又缺乏顯著的業績，所以不好意思要求加薪。

三年之後，他已經從最初的「小編」成為功底紮實的「老編」，他認為必須向主編提出加薪了——由於部門規模有限，升職是不能考慮了。

王禹文信心滿滿地提出了加薪請求，卻被主編駁回。主編說，我們刊物部是企業的一個輔助性部門，不是核心部門，又不盈利，很難給你提高薪水。

王禹文不甘心，開始動腦筋想辦法。他把自己這三年來的工作內容細細梳理了一遍做成一個表格。在這個表格裡，他的工作內容明顯呈遞增狀態，而薪水的漲幅卻不明顯。最重要的是，刊物部的一位記者半年前辭職了，這個位置一直是王禹文代勞，沒有人補缺。這就相當於他一個人做了兩個人的工作，而且做得很好，這是加薪的重要談判籌碼。

另外，王禹文還做了一份「加班詳單」，把自己的工作時間詳詳細細算了一遍。這份「加薪申請」發給主編的時候，主編本人也大吃一驚，終於給他加薪30％。

王禹文的做法充分體現了那句話：「會吵的孩子有糖吃。」

談薪水是有技巧的，摸準了其中的規律，為自己謀求高薪的成功率就更高一些。

1.像王禹文那樣先給自己「掂斤兩」，看自己「值」多少錢。認真回顧你近期的工作日誌，把自己做的工作分門別類做詳細的整理（注意，要量化）。如果你的上司喜歡看表格，就做成表格交給他。如果他喜歡看文字，就用文字寫給他。總之，要讓他看到你切切實實做了很多事。

要領，要對企業內部的整體薪資水準做一個「摸底調查」。

2.在不觸動「商業機密」的前提下，打聽一下企業裡各部門的薪資水準，看看跟你職位資歷相當的人能夠拿到多少錢。如果你提出的漲幅大大超出平均水準，是很難被批准的。

3.對同行業的薪資水準做一個盡可能詳盡的瞭解。

如果你能結交一個「獵頭」朋友最好，他是這方面的專家。倘若沒有，也不要緊，網路資訊這麼發達，你可以大致瞭解其他企業裡的同行拿多少薪水。橫向比較，你就能知道自己差在哪裡了。在向上司提要求的時候，拿出這樣的對比資料，會讓他難以反駁。

除去以上最基本的，我們還要看前面說到的「升職」。

申請升職要看老闆臉色，申請加薪也不例外。若是部門業績不佳、上司剛剛被他的上司罵過，你去要求加薪，豈不是自尋死路？

上司日程安排往往很緊，你可以預約一下「談薪」時間。若是他閃爍其詞或者藉故推拖，那說明加薪可能性不大，你乾脆暫時閉嘴，再找合適機會。

上述各項準備充分之後，你就可以「信心滿滿」地正式跟老闆談加薪了。你要做積極的心理暗示，認定自己能夠拿到更高的薪水，自己「值」那樣的價格。

耐得住「熬」才會有出頭之日

有人說「畢業五年決定你的一生」，講的是初入職場的五年要如何沉澱自己、積蓄能量、厚積薄發。事實上，更多的人要用十年甚至更多的時間來鋪就成功之路。

人有一個共同的特點，就是很容易看到那些職場菁英們拿高薪享受各種讚譽，卻看不到他們在人群背後苦哈哈「熬」出頭的艱辛和曲折。

阿諾在廣告公司做了一年業務員，就從「勞苦大眾」一躍成為公司副總。這樣的「傳奇」絕對不是吹出來的，用他的話說，那是自己一點點「熬」出來的。

剛開始工作的時候，阿諾每天騎著自行車出去跑業務，無論颳風下雨還是烈日當空，他都在積極拜訪客戶。各種各樣的客戶都見過，各種窩囊氣都受過。甚至有的時候，他被辦公大樓的保全當成「危險分子」掃地出門。

阿諾自我解嘲說：「其實我比好萊塢的『鋼鐵人』還厲害，導彈都打不穿我的臉皮。」就是這樣熬著、撐著、屢敗屢戰，他才做到了業務第一，為自己事業的發展打下了紮實的基礎。

有人說，偉大是熬出來的。熬，有兩方面的意思。一是艱辛困苦，二是時間漫長。阿諾的例子只是眾多「苦命」煎熬者中較為幸運的一個，還有很多職場人熬了五、六年、甚至十年、八年，都尚未達到自己的目標。

小時候我們受的教育是：「十年寒窗讀書苦，一朝成名天下知。」大概的意思是說，大學畢業找到好的工作，我們就能功成名就啦。殊不知，走出校門進入工作崗位之後才發現，「熬」才剛剛開始。

或許，我們應該重新審視「十年寒窗」。並沒有人規定讀了十年書就能有好工作；沒有人許諾說大學生就會有一個金飯碗。人生在世，只有創造相應的價值才能獲得等量的報酬，我們走出校門的那一天，不過是不諳世事的孩子，還有很多東西要學。

事業有成需要累積，「熬」是沉澱的過程。

在學校裡讀書的「十年」是簡單純粹的，不為出名，不為圖利。而進入社會的「十年」

是前途未卜、誘惑無限的。你需要找對自己的方向，需要從職場「螺絲釘」做起，確立自己在業界的地位，找到自己的生財之路。你還要修煉自己的性情，變成處處受歡迎的人。所以，你的脾氣、性情、做事方式、思考方式都得在這個關鍵的十年裡發生變化。

在這個過程中，把自己的注意力從書本轉移到「人」上面來。書本的知識永遠是在講道理，現實中的人卻是活生生的，你需要把學到的知識運用到人和事上面，檢驗以前學到的東西是真是假，是實是虛。

當你「茅塞頓開」之時，可能就是「熬」出頭之日。

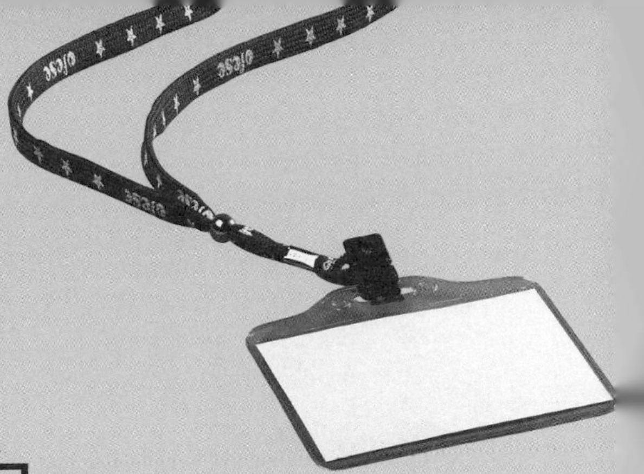

第七章 群策群力 把職場合作跳成圓舞曲

職場是很多人一起做事的地方，因此，共同做事就是「同事」二字最直觀的意思。大家共同努力，把每一項任務都當成協調的圓舞曲去完成，就能避免「個人逞英雄」帶來的不良後果。

當然，同事之間很難做到永遠和諧，所以要適當為自己留出餘地，不去做可憐的「火把人」，不能被毫無心機的「菜鳥」連累，不讓完美主義害人害己，要在實現團隊價值的同時實現個人的奮鬥目標。

職場沒有「個人英雄主義」

孫悟空縱然有天大的本領，也要加入「四人團隊」，才能到西天取到真經。職場中人，業務能力再強，也不要被個人英雄主義蒙蔽了心智，脫離了團體。

如果我們留心觀察就會發現，幾乎所有的組織都會有「英雄」或者「模範」存在，組織把他們捧上一個很高的位置表彰、嘉獎，將其尊為全體員工的楷模和效法對象。企業老闆這樣做，是出於管理的目的。他必須樹立一個典型，讓所有員工都學著他的樣子努力工作。這個典型會被形容成一個「超人」的樣子：業務技術一流，工作業績卓著，毫不利己專門利人，某些品質可以做為美德教科書……老闆們會想法設法在企業裡塑造這樣一個人物出來，這是企業文化建設的一部分。

那麼，職場人應該怎樣看待這件事呢？如果你被這個典型迷惑，一心一意要成為那樣的人，可能就被套上了「緊箍咒」。

學習企業模範的敬業精神和業務能力是應該的，但是，我們千萬不能陷入一個誤區，那就是「個人英雄主義」。

職場是一個群策群力的地方，大家在同一個團隊做事，完成同一項任務。除非你是拿計件薪水的人或者是靠獨立力量生產產品的人，否則，都需要同事的合作才能完成工作。從這個角度來講，越是追求「個人英雄主義」的人，越有脫離集體的危險。

阿芬和阿麗同時進入保健品銷售領域，但是她們對這份工作的理解完全不同。在阿芬看來，銷售就是「賣東西」，一手交錢一手交貨，再簡單不過的事。她覺得自己能說會道又有頭腦，一定會有不俗的銷售業績。

阿麗有另一番打算。她早就聽前輩說過，銷售也是分很多種的，有業務員跑在第一線「單打獨鬥」的，像直銷；也有團隊作戰的，那叫「大客戶銷售」。前者純粹是拿「計件薪水」，賣一份賺一份的錢；後者只要拿下一個大客戶，大家就可以掙一筆錢。

由於認識上存在分歧，阿芬和阿麗就走上了不同的發展方向。阿芬的一對一直銷確實做得不錯，每天用「掃樓」的方式去拜訪客戶，吃了很多白眼受了很多委屈，但是慢慢就打開了銷路，拿到了可觀的傭金。

相對而言，阿麗就「輕鬆」一些。她申請去大客戶部做銷售專員，跟著幾位同事一同「公關」，向某集團後勤部推銷他們的保健產品。經過一番努力，阿麗所在的團隊一舉拿下百萬元的大訂單，阿麗的薪水和獎金加起來遠遠超過了阿芬。

願意做英雄的人，往往有一種悲壯氣慨，要花費更多的力氣去完善自我、提升自我、克服困難。一個人要顧及方方面面，要培養各種能力應付各種事件。

如果你願意融入集體，就是為自己找了一個「智囊團」，可以吸收大家身上的優點補充到自己身上。為團體貢獻力量，又透過團隊成就了自己。這種做法是職場中人更為明智的選擇。

如果你確定自己未來的職業前途是在職場打工，而不是自己當老闆，最好學著放棄「個人英雄主義」這個華麗的夢想，多從團隊角度考慮問題，多想如何調動團隊的力量來實現自己的目標。同樣，這也是上司能力的一種體現。想想看，再英明神武的將軍，也不可能憑藉自己的一身本領就能打退敵人的進攻。只有相信團隊、依靠團隊，才會成就自己。

同事，就是一同做事

當你想單槍匹馬做一件事的時候，要等上三秒鐘，想想這件事是否應該約上同事一起做。不單單是為了讓他「幫助」你，也是為了讓他「證明」你。沒有旁人的參與，你說不定會捲入說不清道不明的是非之中。

同事，就是指跟自己一起做事的人。不要覺得這個說法太簡單，它恰好是很多人經常忽視的一個概念。正是因為忽視了這個概念，才會有很多人不注重職場裡的同事關係、不注意遵守「合作」原則。

在職場中，同事之間雖然充滿競爭，也時常產生矛盾和衝突，但終究是需要相互合作的。毫不誇張地說，世界上最寶貴的一筆資源就是融洽的同事關係。一個籬笆三個樁，一個好漢三個幫，良好的同事關係是成就事業不可缺少的因素。

這樣說，也許有人會覺得迷惑：一會說要競爭，一會又說要保持良好關係，同事之間幹嘛搞得「諜影重重」？

可以這樣解釋：競爭是職場關係中最深層次、最根本的一種關係，但是它不能妨礙我們去建立良好和諧的同事關係。有句話說：「你想得到什麼，就必須先給予別人什麼。」當你以一種共用、互利的心態跟同事建立關係時，也會得到同樣的回應，這樣一來，就會讓你們之間的競爭相對公平、相對友好。就像田徑賽場上，所有的選手都在競爭，但是並不影響「友誼第一，比賽第二」的主旨。

同事的存在就像氧氣，也許你感覺不到他們，甚至有時候覺得他們可有可無。可是，一旦他們「消失」了，你就會覺得處處不順利，做什麼都不靈，甚至活不下去。

如果在做事時，不會利用同事關係，不懂得群策群力，你會付出幾倍的辛苦卻得不到滿意的結果。社會學家調查分析，有三分之二的職員離職或者被辭退，都是因為同事關係不好。所以，反思一下你與同事之間的互動怎麼樣，有沒有滑向「個人逞英雄」的泥沼。倘若有，不妨從以下幾點入手，重點改善一下。

1. 有困難及時向同事求助

有些人總抱著「輕易不求人」的態度，怕給人添麻煩，也怕顯露自己的無能。其實，偶爾請人幫個小忙，恰恰是對他人信任的表現。請同事推薦好的網站、餐廳，請同事幫忙叫個外賣，或者求助某個電腦技術難題……這些小請求是「常人」都有的，你若從來都沒有，就顯得與人隔離了。

2.有了好消息及時通報

工作進度有了重大突破，部門要發物品、領獎金，你發現了一家很好的外賣餐廳……這些你若「獨吞」，知道了還一聲不響，很容易破壞同事關係。久而久之，別人也會有了好事不告訴你。甚至「公報私仇」，讓你在工作中也成為最後一個知情者。你豈不是很慘？

3.說一些不妨礙工作的「私事」

午飯休息時間或者茶水間閒談時間，可以聊聊不影響工作又不侵害隱私的私事，例如球賽日程、商場折扣、餐館風味等等。在聊這些「閒事」的同時，相互之間的信任感會進一步增強，以後一同做事的默契程度也會增加。

身在職場，就要重視「同事」，與其一同做事，不要單打獨鬥，要學著一起「磨」、一起「耗」、一起「熬」，共同度過職場裡那些平常、瑣碎的日子，也一同戰勝各種困難、創造輝煌業績。

在這樣的「公平競爭」背景下，你的晉升之路會更穩健。

別獨攬，公事要「共」辦

強出頭的人多半都是好心，可最後往往得不到好下場，甚至被人反咬一口。為了不讓自己成為這種悲劇英雄，還是公事「共」辦的好。

楊依雪是那種特別勤快的女孩，進入職場之後仍然如此。她每天早早到辦公室把飲水機打開，方便同事來了有熱水喝；又把辦公室裡的植物細心地澆過水，甚至把辦公室的地面都打掃得乾乾淨淨。

楊依雪做得很開心，可是時間一長，她漸漸有點力不從心了。她的本職工作越來越多，手頭正在忙的時候，會有同事說：「依雪，幫我發份快遞吧。」、「依雪，幫我叫外賣。」、「楊依雪，今天你是不是忘了給發財樹澆水了？」

原本大家都是這個辦公室的「主人」，楊依雪卻逐漸淪為「仙度瑞拉」，成了為大家義務服務的灰姑娘。她意識到自己做得太多、太雜了，卻很難甩手不管，所以很糾結。勤快是好事，可是，像楊依雪這樣「獨攬」太多「公事」，就讓自己太吃虧了。

我們當然提倡熱心助人，也宣導同事之間互相關心，但這些都要有個限度。楊依雪做的那些事，原本應該大家一起動手做，她一人獨攬，不但讓自己過於勞累，也讓別人覺得她太「傻」，甚至覺得她是故意「表現」，強出風頭，竟落一個「活該」的名。

在一個多人的團隊裡，沒法做到絕對公平的分工，但是自己心裡要有個「度」，做得太多或者做得太少，都是不討巧的。

如果你做太多，受累是肯定的，還有一個不好的結果是，遭人嫉妒。有人認為你是搶功勞，有人認為你別有居心，有人甚至會把你視為「心腹大患」——因為你優秀的表現超越了他，阻礙他升職或者加薪。這就是常言說的「樹大招風」。如果你做太少，當然會受批評，也會失去自我鍛鍊的機會。

比較折衷的方法是，共同行動之前，提議「量化」分配一下工作。把這個共同的任務分成幾個部分，每個人各司其職，各負其責，並且制定出比較明確的獎懲措施，提醒不要由於某個人的失職而給整個團隊拖後腿。

楊依雪就是「雜事」做得太多，給自己造成了額外的負擔。其實她應該想到，辦公室存在不是一天兩天了，在她到來之前，那些事情是由誰負責的？任務是怎麼分配的？她可以建議主管列一個值日表，大家輪流負責，很容易就把問題解決了。

除了在量上要「共事」，在速度上也要有所控制。有些工作是「接力賽」，一環接著一環，所以個人的速度不會影響其他人。但是，有些工作是「砌牆」，大家同時行動，快慢不一的話，就不能做成一面完整的牆。這個時候，大家就更應該在速度上做好協調統籌。你做為團隊裡的一份子，做得太快或者太慢都不合時宜。

有這樣一個故事：一個工程隊共同挖一條水溝，大家是按工時拿薪水的。有一個小夥子幹活非常賣力，別人都在抽煙休息的時候他還在拼命幹活。前輩喊他休息，他卻說：「快幹活吧，早做完早收工。」工友就勸他：「我們是按工時收費的，早早做完豈不是虧了？你那麼拼命做，反而害了我們大家。」

職場中經常會遇到這樣的情況，你急著趕進度，卻破壞了整個團隊的進度，吃力不討好。所以，與同事共事時「協同」非常重要，量上要適度，速度上也要適度。既然是大家的事，就要「共」辦，不要好心辦壞事、做惡人。

別用「完美主義」害己害人

若是你有完美主義傾向，不妨事先跟身邊左右的人說明，讓大家對你的「毛病」多加包涵。切莫顛倒過來，讓大家跟著你去追求完美，那樣會害人害己的。

曾經聽一位朋友抱怨他的上司是「怪物」，凡事都要求盡善盡美。他舉了一個例子說，某次，他交上去的報告，有一頁滴了一小滴墨水。他擔心上司不滿意，就小心翼翼用吸水紙處理了一下，不仔細看的話根本看不出來。可是上司還是就這件事把他批評了一頓，說他做事不夠仔細。

我說：「你上司說的也有幾分道理，可能這份報告對他來說很重要吧。」

他回答道：「我當時確實很自責，以為是我的責任，可是後來又發生了一些事，我就認定是他有問題了。有一次，我所在的部門和另外幾個部門聯誼，要排幾個小節目。

原本是放鬆娛樂的事情，大家嘻嘻哈哈排練一下便可以了。就算是唱歌稍微有一點走音，舞蹈動作稍微不到位，又有什麼關係，反倒增加了喜劇效果。可是，上司非常不滿，一定要我們加班排練節目，就像要求專業演員一樣。大家都有怨言，怪他把輕鬆的事情變得像軍訓，苦不堪言。工作上，我的上司更『變態』：一個小小的錯別字、一個稍微延期的會議，都會讓他生氣，他對『完美』的追求已經到了讓人髮指的地步。」

我想，這位上司能夠順利成為「上司」，實在是個奇蹟了。因為在大多數情況下，過分追求「完美」而導致團隊氣氛不愉快的人，是會遭到淘汰的。

我們玩網路虛擬世界也好，總會遇到各種各樣BUG，這就是程式「不完美」的表現。但是，能否因為不完美，運營商就不讓這款遊戲上市呢？當然要上市，遊戲推向大眾，才能知道它到底完不完美。

「細節決定成敗」，這是強調大家在做事的時候謹慎小心，卻不是用完美主義勒住自己的脖子。過分追求完美，很容易傷害與你合作的同事，給他人造成壓迫感。

L小姐是處女座，具有非常明顯的完美主義傾向。生活中已經非常明顯，她化妝從來都是精雕細琢，梳頭永遠是一絲不亂，房間整理得像有「潔癖」一樣。

她的這種作風帶到工作中，讓身邊同事非常不適。所有跟她共事的人幾乎都被她「害」慘。想想看，大家做同樣的事，她總是盡善盡美做到極好，連辦公桌、抽屜都收拾得一塵不染。老闆過來一看，就把她當成「標竿」、「典型」樹在那裡，其他人不做成那樣是不及格的。所以大家都私底下叫苦連天。

終於，有一位關係不錯的同事斗膽向她進言：「L，你能稍稍懶散一些嗎？我們要被你拖累死啦！」L小姐方才知曉自己給大家添了不少「麻煩」。

當然了，我這樣說不是慫恿大家都渾水摸魚學著偷懶，而是不要「苛責」自己，又連累別人。從心理學角度看，過分追求完美主義稍微有一點病態，並沒什麼大礙。如果你有這個毛病，可以跟同事或者下屬說一下，大家互相體諒。至少，他們不會背後議論你是個「怪人」，有意疏遠你。

況且，你認為的「完美」是以你的標準來看的，說不定在其他人眼中已經很「完美」了，你卻不甘心。大家的標準不同，若是你太過執拗於自己的觀點而發脾氣、搞獨裁，最終被邊緣化的肯定是你。

偶爾睜一眼閉一眼是必要的

一隻眼睛看自己，一隻眼睛看別人。睜開眼睛看優點，閉上眼睛無視缺點。職場裡，需要難得糊塗，這有利於你調整自我，改善與周圍同事的關係。

某天聽到兩個年輕的白領女士聊天，甲說：「阿峰真是不錯，他剛到我們部門就簽了個大單，好幾百萬的生意敲定了。」

乙用一種非常不屑的口氣說：「那有什麼了不起。」

甲說：「能賺錢就了不起啊！」

乙說：「他可花心了，聽說他在前一個公司有很多風流債，緋聞滿天飛，到了我們這裡還不知道要坑害多少小美眉呢。這樣的人最討厭了！」

簡單的幾句對白就可以反映出兩位女士截然不同的職場心態了。毫無疑問，甲比乙要成熟得多、懂事得多。

有一句話叫「睜一眼閉一眼」，形容一種難得糊塗的態度。在這裡把它稍微引申一下用在同事合作當中：評價一位同事的時候，有些事要睜眼去看，有些事要閉眼不看。

同事在一個團隊裡合作完成任務，為的不就是實現自己的利益麼？這個利益需要用實力去爭取，我們需要把注意力放到做事能力和做事結果上面。

在甲乙的對話中，阿峰是個能幹的同事，剛剛進公司就簽訂大單，說明業務能力好。身為同事，如果你不奢望跟他有進一步往來，就不要過多關注他的私生活了。睜眼看他的業績，閉眼不看他的緋聞。

在這個方面，男士要稍微好一些，女士比較容易混淆「公私」，喜歡用道德標準來評判一切。從而造成很多偏見，產生很多不必要的矛盾。這是非常不職業的表現。

「睜一眼閉一眼」還有另外一種解釋，就是睜眼看自己，閉眼不看別人。

初入職場的年輕人往往沉不住氣，看到別人的錯誤或者過失就忍不住指出來。這樣做不單單會得罪人，還可能觸犯「雷區」。

某次，年紀輕輕的阿明來公司不久，不知是急於表現，翻了幾眼身邊同事的工作日誌，就跟主管說：「某某的工作日誌很潦草很散亂哦，恐怕日後查看起來很不方便。」好在主管識大體，直接對他說：「不如這樣吧，大家傳閱阿明的工作日誌，學習他的做法。」

自取其辱，何苦，何苦。

安全的做法是，多看自己的缺點和不足，儘快讓自己進入工作狀態，提高做事能力和做人技巧。至於別人，如果要看的話，也要看別人的優點，向其學習，而不是抱著批判的態度去給人家挑錯。

我們不主張職場人養成糊裡糊塗、馬馬虎虎的工作態度，這裡的「睜一眼閉一眼」主要是提醒你如何構築更加和諧的同事關係。

與人共事的時候用客觀的標準看同事，多看同事的優點，多看自己的缺點，與工作無關的東西少看、不看，會更有利於我們成長。

可以多做一些，但是要記下來

親兄弟明算帳，這句話用在職場中非常恰當。既然職場是講究利益的，我們心裡有個帳本就不是什麼壞事。可以為同事做些好事，但是公私要記得清楚明白，否則你很可能做了好事卻被當成惡人，得不償失。

在大學讀書的時候，阿超總是扮演「冤大頭」的角色，和兄弟朋友們出去吃飯的時候通常都是他買單，做兼職掙了薪水，也會請室友球友們喝酒。

工作之後，他這種「豪爽」氣概忽然就轉變了。他的轉變並不是體現在「花錢」上面，而是體現在「做事」上面。請客吃飯他倒是不介意的，幫人做事的「帳」卻算得清清楚楚。

他曾跟朋友說他心裡有一個「人情記事本」，幫誰做了什麼事，或者做了什麼額外的工作，他都記錄得明白透徹。朋友以為他在說笑話，可是他很認真地說，他真有。

原來，阿超曾經吃過「照單全收」的虧。

阿超從事電子商務的工作，大學讀的是網路技術相關專業，本身是電腦高手，既懂得修理電腦，又有數不清的網路下載資源。小到應用程式和軟體，大到電子書、電影，他總有神通弄到「免費」的。這樣的「免費午餐」享用多了，自然就會有同事讓他「請客」。

起初，同事麻煩他下載一些小東西，軟體、歌曲、電影等等。阿超都是在家做好，放進隨身硬碟裡，上班時帶給他們。後來，他覺得都不是什麼特別大的文件，占不了多少流量，就在工作的時候順手下載了，直接通過MSN或者電子郵件附件發給他們。

後來，同事們的請求逐漸升級，電腦出了毛病，或者什麼軟體不懂得用，甚至電腦要重新裝一下系統的，都請他幫忙。

公司是有專人負責此類事務的，但是需要跑程式，還需要等，很浪費時間。同事們乾脆直接找阿超幫忙，他「隨叫隨到」，助人為樂做得很HIGH。

可是，時間一長，部門主管的臉色就變得很難看了。他找到阿超說：「你幫助同事，這沒問題，但是你濫用公司資源，還在上班時間處理了不少私人事情，這對部門的影響很不好。」

阿超試圖解釋，主管並不理會。他想請同事們幫忙證明自己的「清白」，可是那些人都像躲瘟神似的，完全沒了求他時的親切。阿超這才明白，自己真真正正做了一次「冤大頭」，犧牲了不少時間精力不說，最後還成了主管眼裡的惡人。

更讓他鬱悶的是，公司裡專門負責電腦維修和網路安全的同事也對他陰陽怪氣起來。有人旁敲側擊問他，是不是有意轉到他們部門去做事。更有人直接打趣對阿超說：「高手啊，你千萬不要來，來了我們的飯碗就砸了！」

阿超這個一向直爽的大男生被這次遭遇打擊得不輕。從那之後，他警告自己不要再做這種費力不討好的事情了。幫助同事可以，但是一定要在下班之後。若是再有人來問他電腦維修或者網路資源的事情，他直接就告訴人家去相關部門諮詢。

同事之間的「人情往來」很微妙，像阿超這種一味奉獻，從來不索取回報的行為，慢慢就會縱容別人「想當然」的依賴心理。他們不覺得阿超是在幫他們，相反，阿超不幫倒成了一種罪過。

為了避免這種尷尬的事情發生，職場人都應該學著做一個「人情記錄本」，在幫忙的時候嘴上「記」一筆，告訴對方：「我現在工作很忙，下班以後幫你做，記得請我喝啤酒哦！」半開玩笑半認真。對方不會跟你生氣，也不會占你太多便宜，更不會得到你的恩惠之後又讓你陷入「不義」的境地。

這不是「小氣」，而是一種自我保護機制。同事關係像天平的兩端，要大體維繫平衡才行；也像蹺蹺板遊戲，有高有低才能玩得盡興。讓一方承擔太多另一方卻推得乾乾淨淨，這種關係是很難健康長久地維持下去的。

看到八十分的結果時點頭說ＯＫ

與人共事不能事事強求一百分，盡力做到八十分已經很好。只要全心全意去做了、去協調了，就可以睡個安穩覺了。

有位當紅的藝人在接受媒體採訪時被問及正在後期製作的一部電影，她自信滿滿說，自認為很不錯。

媒體又追問，能打多少分呢？她笑著說，做了這麼多年，我不在分數上過分苛求，能夠打八十分就已經很好了。

不愧是一位公認的才女，講話有水準，更重要的是，工作的心態很好。

不光明星可以具有這麼坦然的心態，普通的職場人也需要這樣的心態——特別是你從事團隊工作，與其他同事一同完成某項任務的時候。

劉偉倫從事出版行業多年，剛剛入行的時候，他信誓旦旦說：「我經手的每一本書都要百分之百做到最好。」

工作三年之後，他說：「我經手的每一本書我都百分之百盡力了。」

工作五年之後，他說：「我經手的每一本書都在八十分以上。」

他這個轉變時常被朋友們做為酒桌飯局上的玩笑。當然，大家不是嘲笑他，而是在談笑間達成一種共識：八十分的合作結果已經ＯＫ。

就拿出版一本書來說，作者寫稿需要一定的時間，完稿之後要與出版編輯協商、修改、潤飾，然後還要商議這本書的版式、插圖、包裝、定價等等。書印刷出來了，還要考慮如何推向市場，讓它在書店裡被讀者認識、認可。

每個環節都要跟不同的部門不同的人溝通、協調。你的意願在向他人傳遞的時候可能會發生一點點偏差，他人在落實你的指令時也會出現些許偏差。這樣一來，距離「一百分」的目標就會漸行漸遠。

此外，還要考慮到時間成本的問題，無論哪一項工作，都不會允許你用大把大把的時間去修正那些誤差。所以，一百分越來越成為一個不可能完成的任務。

另外一個跟八十分相關的例子來自我的好友郭志誠。

郭志誠屬於較早投身IT產業的網路宅男，最初做工程師的時候，信誓旦旦要成為的比爾・蓋茨第二。他把百分之百的精力都投入到編輯程式上面，努力把程式寫得完美，又學習各種行銷方法，想自己把它賣出去。可惜最終不能完成。

終於，苦苦掙扎了兩年，郭志誠不再做變態的一百分狂人了，他高喊「八十分萬歲」。憑他的本領，用七、八成的力氣就可以輕鬆勝任工作。

於是，他節約了一部分時間重新拿起自己喜愛的科幻小說，時不時在電腦前寫些三、五千字的科幻故事，竟然引來網友的好評如潮。

過三十歲生日的時候，郭志誠完成了自己的第一部長篇科幻小說，總共三十萬字，打算分上下兩部出版。不但他自己高興，他的同事們也都說：「以前的郭志誠太瘋狂了，我們都害怕跟他共事。現在的郭志誠多好，故事寫得有趣，人也更好相處。」

面對鏡花水月一般的一百分，有些人悲觀失望，從此失去了工作的熱情。這是職場人都會遇到的一個「瓶頸」。

有些鑽牛角尖的人過份苛責自己，覺得是自己能力不夠；還有一些人遷怒於同事，認為大家不夠齊心。這就會造成分裂、爭吵，嚴重的話就會影響日後的工作。

所以，職場人要懂得邁過八十分這道檻，坦然面對這個結果。不是不努力，而是「盡人力，聽天命」。不要求事事無虧，但是要事事無愧。我們要在一個又一個的任務中不斷提高、不斷進步，而不是守著一個既成事實不斷哀聲嘆氣。

記得一位導演說過：「不要問我最好的電影是哪一部，我只能告訴你，下一部。」同樣，不要說這次任務完成得不夠好，下一次做得更好，就ＯＫ。

不做可憐的「火把人」

能夠用九分力氣解決的事，不要用十分。有十成功力，最多露出六分。要讓別人知道你是個「無底洞」，永遠有未知的寶藏等待挖掘。

相傳，在很久以前，老虎除了兇猛以外，再也沒有別的本事。它非常羨慕貓能跳躍和捕捉的本領，就拜貓做了自己的師父。

貓教給了老虎很多本領：捕食、偵察、彈跳、猛撲……漸漸地，老虎自忖技藝大進，今非昔比，就打算把貓老師捉來吃掉。

貓一看大勢不好，趕緊爬上了旁邊的一棵大樹。

老虎急得大叫：「你為什麼不教我這一招？」

貓說：「如果教了你，現在我還有命嗎？」

這正應了那句老話，「教會徒弟，餓死師傅的說法」。如今，職場競爭這麼激烈，你不學會留一手，很容易就被ＰＫ掉。

如果你毫不保留，什麼都告訴別人，你的「利用價值」就大大降低了。既然是一件過氣的「勞動力商品」，老闆怎麼會出高價用你？

在職場中有一個專門的名詞來說明這種現象，就是「火把效應」。顧名思義，火把就是燃燒自己照亮別人。燒完了，自然也就靠邊站，沒人再記得它的好。

為了儘量延長自己的「使用壽命」，我們不要做可憐兮兮的「火把人」。即使你有心為別人貢獻一點光和熱，也最好長遠打算，做到「可持續發展」。

眾多職場前輩都是教三分留七分的，他們帶你的時候是這樣，你以後帶新人也不妨因循這個路數。

這個道理不光適用於前輩和晚輩之間，同樣適用於同事之間。

舉個例子，你掌握了一個重大情報，本著「共用」的原則興高采烈告訴了同事甲。他表面上不動聲色，背地裡暗自行動，搶了你的頭功不說，還可能搶了你升職加薪的機會。

職場競爭中，慢了一小步，就得用很多大步去追趕。

也許你會問，同事來問怎麼辦？我要一問三不知嗎？我要見死不救嗎？是不是太自私、太虛偽？

你要學著說「不」。

有些人是非常擅長「套話」的，他三言兩語就把什麼都打聽去了，你不知不覺就被他變成一只「火把」。

為了保護自己，你要懂得話說一半。工作中很少有火燒眉毛讓你趕著去救命的事，大多數時候都是比較常規的工作。所以，別人向你請教方法的時候，你可以稍微「拖」一下。今天說一句，明天說一句，慢慢滲透給他。大不了你就拍拍頭說「對不起，我忘了」，難道他會敲碎你的腦殼不成？

如果你還是心軟，不要緊，你就想像自己是上司、老闆。假如你的手下有一位員工，資歷比較深了，只能做一些常規的工作，沒有什麼提拔上升的空間，卻伸手跟你要更高的薪水。你會怎麼樣？想必會從節約成本的角度丟棄這只「火把」吧？

「蠟炬成灰淚始乾」，這是圓形職場裡最悲哀的一條「潛性規則」，你必須勇敢接受。

跟「菜鳥」合作要加倍小心

菜鳥之所以「菜」，在於他無知近乎勇，憑著一股莽撞的勇氣害人害己。所以，與這樣的人共處，要當心被他害到。他可能無心加害你，卻很可能客觀上對你造成傷害，而你受了氣又沒處說理。

安雅工作一年之後第一次嘗試帶新人。巧的是，那個女孩是她的同鄉，兩人的年齡只差兩歲，所以一起工作很有共同語言。

安雅不僅沒有擺出「前輩」的架子對她頤指氣使，反倒一團和氣，知無不言言無不盡。

很快，女孩和安雅成了形影不離的拍檔，一口一個「安雅姐」叫得親熱。安雅用心去教，使女孩順利度過了三個月的試用期，轉為公司的正式員工。

讓安雅驚訝的是，這個女孩的薪水竟然比一般新人高出很多。

原來，這個看似普普通通的小姑娘在即將轉正的時候，認真地跟人力資源部門經理談了一次薪水。她表現得十分老練得體，把安雅的「真傳」發揮得淋漓盡致。經理和老闆商量了一下，同意了她加薪的要求。

讓安雅感到不平衡的是，女孩的「翅膀」硬了，再沒巴結過「安雅姐」，轉身又去找資格更老、更有手腕的同事去了。

有過這樣的經歷，安雅在帶新人的問題上變得十分謹慎小心。

隔不久，上司又安排兩個新人過來讓安雅帶。吸取了前車之鑑，安雅比較注意自己給「學生」上課的頻率和速度。不管新人怎樣，她都慢慢教、緩緩帶，讓新人懂得沒那麼容易「過河拆橋」的。

這次還好，兩位新人都比較乖巧聽話，轉為正式員工之後仍然把安雅當做前輩看待。安雅好不得意。可是，「不幸」的事情又發生了。

某次，客戶打來電話，約安雅談事情。安雅恰巧不在，是新人接了這個電話，但沒有告訴她。就這樣，「誤事」的罪名不偏不倚落到了安雅的頭上。

新人趕超前輩的戲碼每天都在上演，像安雅這種倒楣的人多得是。有時候想想，帶新人簡直是一件很恐怖的事。對他好，他不懂得感恩；對他不好，他睚眥必報。

不過，千萬不能被這件事嚇倒。當老師不光是培養新人，更是在培養自己，可以鍛鍊自己的上司能力。

為什麼有的人可以帶出自己的「嫡系部隊」？為什麼有的人總是帶著一種偶像般的氣質，走到哪裡都有強大的氣場襲人？這都是歷練的結果，是帶了無數新人之後鍛鍊出來的。所以，職場人不要害怕帶新人，只要在跟他們合作的時候謹慎小心就好。你可以從以下幾個方面多加注意：

1. 逢人要說三分話，不可全拋一片心

他是新人，你是前輩，即便是班上來了新同學，也要有個漸漸熟悉的過程，不能一股腦把心裡想說的話全部說出去。在沒有摸清對方底細之前就付出真誠，無異於把自己暴露在非常危險的位置。

2. 不要犯輕敵的錯誤

有人有兩三年的職場經驗之後自詡「老油條」，見到新人就不把對方放在眼裡。這是一種幼稚舉動。要知道，如今的年輕人，腦袋靈光得很，可謂「後生可畏」。可能猜得透你的想法，你卻猜不透他的想法。老鳥輕視菜鳥，最終吃虧的絕對是前者。

3. 區別對待，因材施教

老師教學生總是有針對性地採取不同方式，同樣，老鳥帶菜鳥、或者與菜鳥合作，也要因人而異。你要試著觀察並區分，哪些人是可以拉攏的，哪些人是野心勃勃留不住的，哪些人是只能同甘不能共苦的，哪些人是可以長期合作的……

4. 適當「狠心」給予教訓

我不主張老人欺負新人，但是就像新兵入伍往往要受到特別嚴厲的訓練一樣，菜鳥有很多毛病是必須糾正的。所以，必要的時候，要給他們一點「顏色」看看，讓他們知道規矩是誰定的。當然了，教訓之後要及時撫慰。

「長江後浪推前浪，前浪死在沙灘上。」職場老鳥的處境真可悲。為了不讓菜鳥們把我們害得太慘，還是預備一些「防身術」比較好。

有缺點的人更安全

竭盡全力扮成「完人」的人，「無缺點」就是他最大的缺點。職場人不是精準的儀器軟體，犯一點小小不言的錯誤，有一些無傷大雅的缺點會讓人更願意親近。假裝「一百分」的人，往往會被人評價為不及格。

曾有電腦專家試圖用數碼拼圖的技術做一張最標準的「美女照」出來。他在網上徵集多方意見，眾線民以美女明星為參照，選出了A的眼睛、B的鼻子、C的嘴巴、D的耳朵、E的額頭等等。

然後，專家用合成技術把這些「零件」拼在一張臉上——臉型也是大家選出來的。可是得到的美女照並不美，甚至不及之前參照的那些明星。

由此可見，即便是大家公認的那些美女，臉上也都有或多或少的缺憾。恰恰是因為那些小缺點，突出了整張臉的美感。

有的人臉上有雀斑，有的人嘴巴太大……這些不夠「美」的地方，反倒讓她們顯得更美。

某位美女為了追求「完美的臉」，換掉了自己的兩顆虎牙，反倒被大家批判：不如從前美了。

小瑕疵襯托了整體的美感，無傷大雅的小缺點會讓整體更安全。

做人也是這樣，「人無完人」幾乎成為公理，倘若你強迫自己去做一個全身上下都優秀的人，這反倒會成為你最大的「缺點」。

我遇到過這樣一個「極品先生」，模樣長得端正，言談舉止也彬彬有禮，初次見面的時候非常有好感。可是熟人私下悄聲對我說：「這個人很假的，演戲一樣地活著。」

後來，由於工作緣故和「極品先生」接觸了一陣子，發現他確實活得很累。他說的每一句話都非常模式化，即便是跟工作無關的閒談，也像是練習過千百遍的固定句式一般。周圍的人都哈哈大笑的時候，他的笑容也似經過演練，非常職業地掛在臉上。

沒錯了，這就是一個努力扮演「完人」的職場人。就演技來說，幾乎可以打滿分了。

可是這個滿分給周圍人的壓力很大，覺得他像是一個「潛伏」在身邊的壞分子，不知道什麼時候會給自己沉重一擊。

他的優點太明顯，幾乎看不出缺點，就算我們最終確信他不是一個「壞人」，也不想跟他多靠近一公分。

相反，那些帶著可愛的小缺點的人，我們卻樂於靠近。

某男好色，美女經過身邊就忍不住扭頭多看幾眼，我們會覺得這樣的人很真實，很有趣。

某女做人精細，一分一毫的小帳目都算得清清楚楚，即便是「閨密」也要楚河漢界地不發生錢財糾葛。這種小缺點無傷大雅，尤其到了職場中，反倒讓人覺得放心踏實。

某同事每週末必定買張彩票賭運氣。他不奢望一夜致富，卻總做這種「小投資」，買個開心。這樣的小缺點讓他整個人變得很鮮活，很生動。

……

在職場裡工作，為老闆打工掙錢，卻不能主動把自己變成智慧型機器人。就算是「賺錢機器」，也無法做到所有程式都精準無誤。時不時當機一下，甚至中個「病毒」，說明你跟其他人一樣。如果你永遠正確，從來不出差錯，不露出一星半點缺點，身邊的人會把你當成「火星人」。

既然在人間，就表現得像個常人。成功人士都有些看似很「不像話」卻不影響事業進展的缺點，有的人嗜酒，有的人嘴饞，有的人很懶……這些小缺點恰恰拉近了他們與上下級的關係，讓他們更有人緣，更容易與人合作。

不要擺出一張「憂國憂民」的臉

團隊歡迎笑臉，同事們都愛聽好消息。不管你內心裝著多麼沉重的悲傷，也不要帶到工作中來。那樣非但討不到同情和憐憫，只會招來厭煩。記住，笑臉示人，保持樂觀，再壞的境況在樂觀人面前也會變得明朗簡單。

在職場中有一種無形的生產力，能夠在不知不覺間提高人的積極性、調動人的興致、鼓舞團隊的士氣。這種力量叫做「快樂」。

同事組成團隊共同完成任務，情緒愉悅時會有更高的工作效率，也會有更好的點子想出來，這一點是經過很多專家實驗證實了的。

曾有雇主專門做過相關的調查，員工工作效率最高的時候，就是工作熱情高漲的時候。如果合作夥伴是懂得幽默、性格樂觀的人，員工的想像力和創造力會得到更好發揮，整個團隊的業績都會跟著上去。

所以，當你和同事合作時，請注意自己的情緒——不是強求別人對你笑，而是要讓自己儘量保證樂觀。哪怕是面前有困難無數，也不要在臉上寫滿「憂國憂民」的沮喪神情。這樣的負面情緒是非常容易傳染整個團隊的。

我們要努力營造一個快樂團隊。這不僅是老闆的事，也是團隊裡每一個人的事。身在團隊中，若是你有這種製造快樂的能力，無疑就會成為團隊的靈魂。

我絕不是在誇大其詞，很多企業管理者都意識到了樂觀的重要性，甚至在管理學中引入「快樂感染力」的概念，培養員工的樂觀精神。古詩詞說：「談笑間，檣櫓灰飛煙滅。」職場何嘗不是如此。

美國的西南航空公司是一個非常有傳奇色彩的企業，它的規模並不大，卻創造了三十幾年連續盈利的奇蹟。即便是在「九一一事件」發生後，美國民航業全業虧損時，它仍然盈利。

很多人探尋西南航空公司的經營祕訣，它的老闆凱勒赫透露的唯一相關資訊就是：「樂觀」。

他要求自己的員工不管遇到什麼問題都樂觀看待，隨時保持快樂的心情。他號召大家在公司中儘量製造快樂的氣氛，要對自己樂觀，要對企業樂觀，要對整個行業保持樂觀。有了這樣的精神，才能共度難關。

在老闆的帶動下，西南航空的所有員工都這樣要求自己：不要對快樂皺眉；融入快樂之中；悅人悅己，傳遞快樂。

事實上，所有企業的老闆、上司都偏愛那些面帶微笑、懂得幽默的員工。這樣的人能夠充當團隊裡的興奮劑、開心果，在團隊士氣低落的時候振臂一揮，驅趕陰霾。

我有一位好友，最喜歡看歷史書，私下裡靜坐夜思的時候是個很「悲觀」的人。他總說，歷史故事看多了，心裡總是沉甸甸的。

可是，當他走進辦公室開始工作的時候，他的臉上完全看不出任何悲觀情緒，相反，他比任何人都開朗、都健談。

我問他為什麼會表現出兩種不同的狀態。

他說：「憂國憂民是一種非常私人的小情緒，絕對不能帶到工作中。悲觀絕望是一種活法，樂觀向前看也是一種活法。前者不能解決問題，後者卻能幫我們發揮潛在的能力，做好每一件事。」

原來他的「祕訣」就是把私人情緒和工作態度分得清清楚楚。

確實，歷史也好，現實也好；生活也好，職場也好，總會有一些不盡如人意的地方，不完善的地方，無能為力的地方。

倘若我們的眼睛總瞄向這些事情，那就會分神，做不好手邊的工作。倒不如，把這些感時傷懷的論調留到私人時間去慢慢品味。在職場裡，要力求做個積極的人，樂觀的人，堅信自己能夠在團隊中汲取能量，解決一個又一個難題。

有意思的是，當你用這種正面的能量打敗困難之後，你會發現，之前的小憂傷、小愁苦都沖淡了、化解了。

別做出任何不友好的舉動

只有幼稚園的小朋友才會任性地說「我討厭你」。做為一個心智成熟的職場人，倘若做出這種不友好的舉動，很可能上升到「破壞團隊和諧」的高度，成為反面典型。所以，職場裡容不下個人的小情緒，一定要注意收斂，力求保持「面子好看」。

據說很多動物都對「敵意」有超強的敏感性，豪豬嗅到敵人氣味時渾身的刺會立起來，藏獒感受到敵人時友善的樣子會立即消失。討厭對方，或者對方討厭自己，這樣的意識總是很快占據動物的大腦。

人又何嘗不是如此。若是身邊有人對我們做出不友好的舉動，我們很快就能察覺，不會等到人家衝你大呼小叫還沒有反應。

相對地，我們也應該明白，你討厭一個人，對他做出一些不友好的動作、甚至表情時，對方也是感受得到的。

我曾經在一個很尷尬的氛圍裡熬過一陣子，對那種不友好的舉動深有體會，雖然不是針對我的，卻讓我以及其他同事都很彆扭。

同事甲、乙兩人總有一些氣場不合。甲倒是不怎麼表現出來，乙性格外露，總是把對甲的偏見寫在臉上。

例如，中午大家一起去餐廳吃飯，乙會很主動地叫上身邊這幾個同事一起去，唯獨不叫甲。再比如，乙出差到外地帶了一些土特產回來，分給大家嘗鮮，卻不招呼甲。

還有更誇張的一次，乙提到學歷的話題，很大聲地說：「能夠進入我們這個公司的，都是一流大學畢業的。有些人的學歷不夠卻能得到職位，真奇怪。」

我們都知道，這幾個人裡只有甲來自於專科院校，他是因為在校期間有比較優秀的作品發表，還出版過自己的圖書，所以破格錄取。乙的話明顯帶刺，我們都為他捏了一把汗。

同事們私下裡都勸過乙，不要這樣公開發難。乙卻表示：「我就是瞧不起他。」無奈當時我們都是職場菜鳥，缺乏做「和事佬」的經驗，只好任其發展。

終於有一天，乙被主管請到辦公室去，不清楚具體說了什麼，後來他的辦公位就換到其他區域去了。再後來乙就離開了公司。

現在想來，乙的做法實在不夠職業。既然大家在一個團隊裡做事，完成任務是最重要的。你喜歡對方，或者不喜歡對方，還不是一樣要合作。既然不可避免要共事，和平共處豈不是更好？只有分不出輕重的人才會擺出不友好的姿態給同事看，這麼幼稚的做法，最終害的只能是自己。

大家都是在為老闆打工，誰都沒有資格傷害身邊的同事。想明白這一點，就該收起自己的小性子，不要像幼稚園的小朋友那樣動不動就喊「我不高興」、「我不喜歡跟你玩」。儘量做個好相處的人，這不光是為他人著想，也是為了給自己營造一個更和諧的做事空間。

掌握「同事朋友」的尺度

同事是一同做事的人，朋友卻更傾向於「做事之外」共同做一些非功利性活動的人。同事和朋友之間原本就存在一定的衝突，職場人不能感情用事把同事與朋友混同起來，否則很可能公私不分，讓自己掉進一灘渾水之中。

如今的年輕白領中間悄然興起了一種「同事文化」。這種關係傾向於上班共事、下班同玩。在辦公室裡彼此可以默契配合，八小時之外還能一起K歌、消遣，關係貌似很和諧。事實上，這種看似「愜意」的關係隱藏著某些不安全因素。因為它誇大了同事之間友善的一面，讓人對同事之間的競爭關係失去警覺，從而麻痹大意。

辦公室為什麼叫辦「公」室？就因為它是辦公的地方。同事關係在「公」這個前提下出現、存在、發展。一旦觸及過多「私」的領域，把同事當成朋友來對待，就可能此失彼，忘記了職場中更重要的事情。

Hart在一家IT公司任職兩年多，小有成就，正是升職加薪的關鍵時期。他期待已久的專案經理職位正向他招手，偏巧他的女友提出要去日本留學，Hart左右為難。

他明白事業的重要性，可是也很重視與女友的感情。而且女友也坦白地說，「遠距離戀愛」是絕對不會長久的，這分明就是要他一起走。

受這件事影響，Hart總是不能集中精神，做事時常常分神。一直關係不錯的Joy問他究竟發生了什麼事，Hart如實向他說出心中的煩惱。Joy力挺Hart，建議他以事業前程為重。Hart滿心都是感激。

出乎意料的是，三天之後，Joy被提拔為項目經理，Hart竟然無緣這個職位。原來，Joy瞄準這個職位很久，無奈Hart實力很強，自己沒信心打敗他。他得知Hart有心追隨女友去日本留學的消息之後，立刻跑到部門老闆那裡「通風報信」。從老闆的角度想，當然希望項目經理穩定，於是退而求其次，用了「第二名」的Joy。

Hart的遭遇給那些錯把同事友誼混同為朋友友誼的人敲響了警鐘。職場歸根結底是個競爭的地方，職位和獎金有限，僧多粥少，人們挖空心思在搶為數不多的資源。大多數時候大家都相安無事，一旦出現「空子」可以鑽，做一點「出賣」的小把戲是完全有可能的。

從老闆的角度來看，兩位下屬私交甚篤也是「堪憂」的隱患。想想看，你們總黏在一起竊竊私語，一起吃飯喝酒，就像「小團體」一樣牢不可破。老闆會覺得你們有某些「不可言說」的企圖。你們的「私交」還會成為影響其他同事正常交往的障礙，破壞「一片大好」的安定團結。

有人總結出，最恰當的同事距離是可以一同吃喝玩樂，不可談任何實質問題，更不宜交心。同事交往就像「下棋」，每一步都要小心謹慎。自己對同事瞭解的不多，便減少了煩惱；把私生活與同事劃清界限，也就保護了自己。

國家圖書館出版品預行編目 (CIP) 資料

老師不會教的職場哲學／楊家誠著 . -- 第一版 . -- 臺北市：
樂果文化出版：紅螞蟻圖書發行，2015.06
面； 公分 . --（樂繽紛；18）
ISBN 978-986-5983-95-6(平裝)

1. 職場成功法

494.35 104006653

樂繽紛 18

老師不會教的職場哲學

作者／楊家誠
總編輯／何南輝
行銷企劃／黃文秀
校對／陳子平
封面設計／張一心
內頁設計／上承文化有限公司

出版／樂果文化事業有限公司
讀者服務專線／（02）2795-6555
劃撥帳號／50118837 號 樂果文化事業有限公司
印刷廠／卡樂彩色製版印刷有限公司
總經銷／紅螞蟻圖書有限公司
地址／台北市內湖區舊宗路二段 121 巷 19 號（紅螞蟻資訊大樓）
電話：（02）2795-3656
傳真：（02）2795-4100

2015 年 6 月第一版第一刷 定價／300 元 ISBN 978-986-5983-95-6
※ 本書如有缺頁、破損、裝訂錯誤，請寄回本公司調換

樂果文化